Theorie und Praxis der Schwingungsprüfmaschinen

Anleitung zur Ausführung und Auswertung dynamischer Untersuchungen mit Hilfe künstlicher Erschütterungen

von

Dr. phil. **Wilhelm Späth**
Beratender Ingenieur

Mit 48 Textabbildungen

Berlin
Verlag von Julius Springer
1934

ISBN-13: 978-3-642-98210-1 e-ISBN-13: 978-3-642-99021-2
DOI: 10.1007/ 978-3-642-99021-2
Reprint of the original edition 1934

Vorwort.

Seit der Vorführung einer Schwingungsprüfmaschine zur Untersuchung von Brücken mit Hilfe künstlicher Erschütterungen gelegentlich des 1. Internationalen Kongresses für Brückenbau und Hochbau in Wien 1928 hat das Interesse für solche Messungen ständig zugenommen. Diese dynamischen Prüfungen des Gesamtaufbaus eines technischen Systems haben die Grenzen der Prüftechnik wesentlich erweitert, und es sind in der Zwischenzeit ermutigende Fortschritte auf zahlreichen Gebieten — Brückenbau, Schiffbau, Maschinenbau, Flugzeugbau, Erdbodenmechanik, Werkstoffprüfung etc. — gemacht worden.

Die bisher erschienenen Veröffentlichungen sind in einer großen Anzahl von Fachschriften zerstreut, so daß der Wunsch nach einer Sammlung des bisher Erreichten und Gesicherten immer dringender wurde. Ich habe mich daher entschlossen, die auf den verschiedenen Gebieten gesammelten Erfahrungen zusammenzufassen, mit dem Ziele, eine knappe aber doch erschöpfende Darstellung der mannigfaltigen Fragen, die mit der Ausführung und Auswertung dynamischer Messungen zusammenhängen, zu geben.

Der kleine Leitfaden zerfällt in zwei Teile. Im ersten Teil werden die Grundgrößen der Dynamik, ihre gegenseitigen Beziehungen und die Möglichkeit ihrer meßtechnischen Erfassung behandelt. Ebenso werden die vielfältigen Fragen, die bei der praktischen Durchführung dynamischer Messungen an technischen Gebilden der verschiedensten Art auftreten, eingehend besprochen.

Besonderer Wert wird hierbei auf die anschauliche Darstellung der Lehre von den erzwungenen Schwingungen gelegt, die unter weitgehender Ausschaltung der Rechnung an Hand von geometrischen Beziehungen erläutert wird. Diese geometrische Darstellung der Schwingungsgesetze dürfte besonders denjenigen Ingenieuren der verschiedenen Fachrichtungen willkommen sein, die sich schnell mit den Grundzügen dynamischer Messungen vertraut machen wollen.

Im zweiten Teil werden Messungen und Erfahrungen auf einigen Sondergebieten beschrieben. An Hand ausgewählter Beispiele aus verschiedenen technischen Gebieten wird gezeigt, in welch befruchtender Weise alte und neue Fragestellungen der Technik durch dynamische Messungen mit Hilfe künstlicher Erschütterungen in Fluß zu bringen sind.

Der Firma Losenhausenwerk Düsseldorf, besonders aber deren Direktor, Marinebaurat a. D. von Bohuszewicz, schulde ich großen Dank für die wagemutige und tatkräftige Unterstützung, die eine schnelle Erprobung des dynamischen Meßverfahrens auf den verschiedenen Anwendungsgebieten und im Anschluß hieran die Entwicklung geeigneter Meßeinrichtungen ermöglichte.

Düsseldorf-Wuppertal, im Februar 1934.

W. Späth.

Inhaltsverzeichnis.

Erster Teil.

Zweiter Teil.

Praktische Anwendungen.

Erster Teil.

I. Einführende Betrachtungen.

§ 1. Die Grundlagen des technischen Schaffens.

a) **Allgemeines.** Das technische Schaffen hat zum Ziel, aus den zur Verfügung stehenden Werkstoffen ein Gebilde so zu formen, daß unter Berücksichtigung wirtschaftlicher Gesichtspunkte eine sichere Beherrschung der zu übertragenden Kräfte gewährleistet ist.

Zur Lösung dieser Aufgabe ist zunächst die genaue Kenntnis der Werkstoffeigenschaften nötig. Die Festigkeitslehre erforscht durch Belastungsversuche das Verhalten der Werkstoffe gegenüber den verschiedenen Beanspruchungen und faßt ihre Ergebnisse in bestimmten Kennwerten zusammen. Von besonderem Interesse ist die Formänderungsfähigkeit (Elastizitätsmodul) eines Werkstoffes, ferner werden kritische Beanspruchungswerte aufgestellt, die zur Innehaltung einer rechnungsmäßigen Sicherheit gegen Bruch nicht überschritten werden sollen.

Auf Grund dieser Zahlenwerte der Festigkeitslehre ist die technische Konstruktion so zu berechnen, daß der Kraftfluß möglichst gleichmäßig alle Einzelglieder durchströmt und daß an keiner Stelle die als höchstzulässig angesehene Belastungsgrenze überschritten wird. Mit der Vorausberechnung der Formänderungen und Beanspruchungen befaßt sich die Statik. Sie verfolgt im einzelnen, wie sich ein Gebilde unter den zu tragenden Lasten verformt und wie sich die geweckten elastischen Kräfte des verformten Gebildes mit den aufzunehmenden Kräften ins Gleichgewicht setzen.

Durch Belastungsversuche an Modellen und auch an fertigen Konstruktionen prüft die Statik die Richtigkeit ihrer Berechnungen nach.

Die moderne Entwicklung der Technik brachte einen immer schneller werdenden Ablauf des einzelnen Arbeitsganges, bzw. eine immer größer werdende Anzahl von Belastungsvorgängen in der Zeiteinheit mit sich. Es zeigte sich bald, daß die Kennziffern der klassischen Festigkeitslehre, wie Elastizitätsgrenze, Proportionalitätsgrenze, Bruchgrenze, die durch den einfachen Zerreißversuch gewonnen werden, zur Beschreibung der Widerstandsfähigkeit der Werkstoffe gegenüber den wechselnden Belastungen der Praxis nicht ausreichen. Zur Ermittlung der Dauerwechselfestigkeit unterwirft deshalb die moderne Prüftechnik die Werkstoffe einer millionenfach wiederholten Beanspruchung, um auf diese Weise die kritische Grenzbeanspruchung festzustellen, die beliebig oft ertragen wird, ohne daß der Werkstoff durch allmähliche Zerstörung zu Bruch geht.

Aber auch die Annahmen der Statik zeigten sich immer mehr ergänzungsbedürftig. Die der statischen Berechnung zugrunde liegenden Gleichgewichtsbedingungen zwischen Last und elastischer Gegenkraft des verformten Gebildes kennzeichnen nur einen mittleren Gleichgewichtszustand, ohne etwas über die dynamische Stabilität dieses Zustandes aussagen zu können. Das technische Geschehen erfolgt heute so schnell, oder ist von so mannigfachen Störungen stoßartigen und periodischen Charakters begleitet, daß die Grundannahmen der Statik die tatsächlichen Vorgänge nicht vollständig zu beschreiben vermögen.

b) Ersatzbild. Jedes technische Gebilde zeigt nach Aufbringung einer statischen Belastung eine bestimmte, elastische Verformung, die nach Wegnahme der Belastung wieder verschwindet. Diese federnde Wirkung kann schematisch dargestellt werden durch eine Feder mit der Federkonstanten *c* (Abb. 1). Diese Feder ist so zu wählen, daß sich unter der gleichen statischen Last eine gleichgroße Verformung wie bei dem Gebilde zeigt.

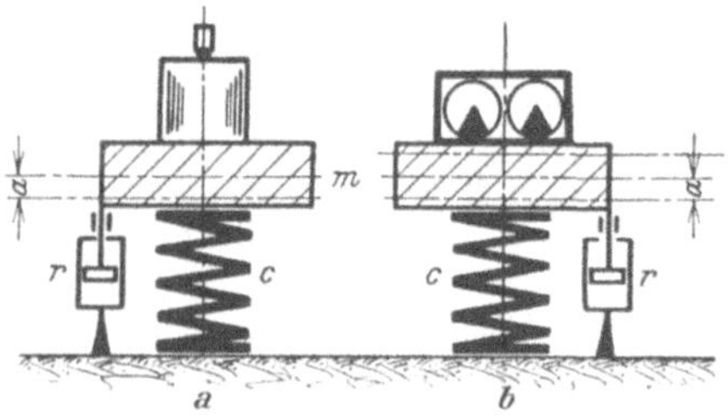

Abb. 1. Schematische Darstellung der statischen (a) und dynamischen (b) Prüfung eines technischen Gebildes.

Bei der Verformung des technischen Gebildes muß ferner notgedrungen eine bestimmte träge Masse in Bewegung gesetzt werden, die sich zusammensetzt aus einem Teil der Gesamtmasse des Gebildes und der Masse etwa vorhandener, körperlicher Lasten. Diese bei jeder Verformung des Gebildes in Bewegung zu setzenden Massenteile, die im allgemeinen verschieden große Wege zurücklegen, können in Abb. 1 durch eine einzige Ersatzmasse *m* dargestellt werden, die als Ganzes einheitlich an den Verformungen der Feder teilnimmt. Die Größe dieser Masse *m* ist so zu wählen, daß ihr Beharrungsvermögen demjenigen des technischen Gebildes gleichkommt. Je schneller die Änderungen des Belastungszustandes der Feder erfolgen, je mehr sich also der Belastungsvorgang von der Grundannahme der Statik einer unendlich langsamen Aufbringung der Last entfernt, desto stärker macht sich die Trägheit geltend. An dem Verhalten der Ersatzmasse *m* kann daher das Beharrungsvermögen der räumlich verteilten Massen des technischen Gebildes in einfacher Weise untersucht werden.

Neben der elastischen Gegenkraft und der Gegenkraft der Trägheit ist jede Verformung eines Gebildes mit einer dritten und letzten Gegenkraft verknüpft, derjenigen der Reibung. Bei jeder Verformung treten Reibungswiderstände auf, die ihre Entstehung sehr verschiedenen Ursachen verdanken können. Zunächst zeigen sich im Inneren verformter Werkstoffe selbst Reibungsvorgänge, dazu kommen Reibungen in Verbindungselementen wie Niet- und Schraubverbindungen, in Stützen aller Art, ferner sind zu nennen Reibungseinflüsse der umgebenden Luft oder auch einer umgebenden Flüssigkeit. In einigen Fällen macht sich außerdem ein Energieverlust durch Strahlung bemerkbar.

Alle Reibungsvorgänge, die bei der Verformung des technischen Gebildes auftreten, sollen sich in dem Ersatzschema der Abb. 1 in einem einzigen Reibungswiderstand von der Größe *r* abspielen, der hier als Flüssigkeitsbremse angedeutet ist. Die Größe dieses Reibungswiderstandes *r* ist so zu wählen, daß die Energieverluste in dem Gebilde den Reibungsverlusten im Ersatzwiderstand *r* gleichkommen.

Außer der von der Statik allein berücksichtigten elastischen Gegenkraft, treten demnach in jedem sich verformenden Gebilde zwei weitere Gegenkräfte auf, die Trägheitskraft der zu beschleunigenden Masse und die Reibungskraft infolge der zu überwindenden Reibungswiderstände.

Das Beharrungsvermögen der bei jeder Verformung in Bewegung zu setzenden Masse bewirkt, daß das Gebilde seine Gleichgewichtslage beizubehalten, oder aber mit einer einmal erteilten Geschwindigkeit sich weiter zu bewegen versucht. Bei einer einmaligen Änderung der Belastung nimmt das Gebilde daher nicht unmittelbar die neue Gleichgewichtslage an, sondern wird erst nach Ablauf gewisser Ausgleichsvorgänge in diese Gleichgewichtslage einspielen.

Die Größe der Reibung bestimmt hierbei im wesentlichen die Schnelligkeit, mit der diese Ausgleichsvorgänge abklingen.

Besonders auffallende Erscheinungen können sich aber zeigen, wenn das Gebilde nicht nur einer einmaligen Belastungsänderung, sondern einer periodisch in einem gewissen Rhythmus sich wiederholenden Belastungsschwankung unterworfen wird, wie dies in der Praxis sehr häufig vorkommt. Die unter der Wirkung dieser Belastungsschwankungen auftretenden Schwankungen der Verformung um den Gleichgewichtszustand können bekanntlich unter Umständen Ausmaße annehmen, die zu einer Gefährdung des Gebildes führen.

Im allgemeinen hat man diesen Gleichgewichtsstörungen technischer Systeme keine besondere Beachtung geschenkt. Man nahm sie als unvermeidliche Begleiterscheinungen technischer Arbeitsvorgänge hin. Nur in gewissen Einzelfällen, wo diese Störungen infolge Resonanzerscheinungen zu sehr ernsthaften Zwischenfällen führten, ging man an eine nähere Untersuchung. Man beschritt hierbei im wesentlichen zwei Wege. Der eine Weg bestand in der mathematischen Durchrechnung der zu erwartenden Erscheinungen. Dies führt meist auf große mathematische Schwierigkeiten, ganz abgesehen davon, daß manche für die Berechnung nötigen Faktoren rechnerisch überhaupt nicht zu erfassen sind.

Der zweite Weg, die unter praktischen Betriebsbedingungen sich zeigenden Schwingungsvorgänge durch geeignete Meßinstrumente zu verfolgen, kann, so lehrreich auch im Einzelfall die Ergebnisse sein mögen, ebenfalls nicht zu einer vollständigen Klärung führen. Die von solchen Meßinstrumenten aufgezeichneten Schwingungsdiagramme kommen durch das Zusammenwirken zweier sehr verwickelter Einflüsse zustande, nämlich durch die Einwirkung von dynamischen Kräften unbekannter Größe in einem Schwingungssystem, dessen Eigenschaften ebenfalls nicht bekannt sind, so daß ihre Auswertung manche Frage offen lassen muß.

§ 2. Das dynamische Prüfverfahren.

a) Grundlagen. Aus Abb. 1 ist ersichtlich, daß jedes technische Gebilde schematisch durch ein mechanisches Schwingungssystem ersetzt werden kann, dessen drei kennzeichnende Bestimmungsstücke, die Federkonstante, die Masse und der Reibungswiderstand, denen des eigentlichen Gebildes entsprechen. Die Statik begnügt sich mit der Messung der Federung dieses Systems durch Aufbringen einer Last bekannter Größe (Abb. 1a), wobei die sich zeigende Durchbiegung a nach Einstellung des Gleichgewichts beobachtet wird. Um darüber hinaus auch die Masse bzw. die Reibung zu erfassen, ist es erforderlich, diese Durchbiegung a mit einer bestimmten Beschleunigung bzw. Geschwindigkeit vorzunehmen. Je größer die Beschleunigung bzw. die Geschwindigkeit ist, mit der die Verformung a durchlaufen wird, desto mehr werden neben der elastischen Gegenkraft auch die Gegenkräfte der Trägheit und der Reibung in Erscheinung treten und damit meßtechnisch erfaßbar werden.

Für die Durchführung solcher dynamischer Belastungsversuche ist es vorteilhaft, die belastende Kraft nicht nur ein einziges Mal, sondern in schnell sich folgenden periodischen Wechseln zur Einwirkung zu bringen[1].

Um eine erschöpfende Aussage über die in einem technischen Gebilde wirksamen Gegenkräfte zu gewinnen, werden daher Belastungskräfte bekannter Größe zur Einwirkung gebracht, die in periodischem Wechsel sinusförmig an- und abschwellen. Die Wahl des Taktes der periodischen Belastungskräfte und damit die Wahl der Geschwindigkeit und der Beschleunigung, mit der eine bestimmte Verformung durchlaufen wird, ermöglicht eine eingehende Untersuchung des Gesamtaufbaues eines technischen Systems.

Die Erzeugung dieser periodischen Belastungskräfte erfolgt am einfachsten durch Ausnutzung der Zentrifugalkräfte exzentrisch gelagerter, rotierender Schwungmassen. Entsprechende Prüfeinrichtungen zur bequemen Ausführung dynamischer Belastungsversuche werden Schwingungsprüfmaschinen oder auch kurz Schwinger genannt.

In Abb. 1b ist die Durchführung dieser dynamischen Prüfungen schematisch angedeutet. Auf dem technischen Gebilde wird eine Schwingungsprüfmaschine aufgestellt, die bei Inbetriebsetzung periodische Belastungskräfte, hier z. B. in senkrechter Richtung, ausübt und das Gebilde mit einer bestimmten Amplitude a periodisch verformt. Diese Schwankungen der Verformung erstrecken sich symmetrisch um den statischen Gleichgewichtszustand nach beiden Seiten. Durch die Größe der Amplitude und die sekundliche Umdrehungszahl der exzentrischen

[1] Späth, W.: Schwingungsprüfmaschine zur Untersuchung von Brücken. Z. öst. Ing.- u. Arch.-Ver. Bd. 80 (1928) S. 359; Dynamische Untersuchungen an technischen Gebilden. Z. VDI Bd. 73 (1929) S. 963.

Schwungmassen ist sowohl die Geschwindigkeit, als auch die Beschleunigung, mit der die Verformungsschwankungen durchlaufen werden, genau bekannt. Damit sind einwandfreie Grundlagen für eine dynamische Untersuchung gewonnen, so daß nunmehr an eine systematische Klärung zahlreicher Schwingungsfragen der Technik mit zweckmäßigem Werkzeug herangegangen werden kann[1].

Durch diese dynamische Prüfung werden die statischen Berechnungen und Messungen ergänzt, denn nunmehr ist nicht nur der statische Gleichgewichtszustand bekannt, sondern es wird darüber hinaus das Verhalten einer technischen Konstruktion bei jeder Störung dieses Gleichgewichts in erschöpfender Weise erfaßt.

b) Meßtechnische Vorzüge. Die dynamische Prüfung mit Hilfe von periodischen Belastungsschwankungen bringt eine Reihe grundsätzlicher Fortschritte mit sich, die eine wesentliche Erweiterung der Grenzen der Prüftechnik ganz allgemein bedeuten.

Die wichtigsten Vorteile, die durch Ausnutzung der Zentrifugalkraft sich drehender Schwungmassen zur Erzeugung periodischer Belastungsschwankungen gewonnen werden, sind:

1. Die Ausnutzung der Zentrifugalkraft exzentrisch gelagerter, rotierender Schwungmassen ermöglicht die Ausübung großer Prüfkräfte bei kleinstem Aufwand an technischen Hilfsmitteln. Ein Belastungsstück von der Masse 1 kg übt im Erdschwerefeld eine Kraft von 1 kg auf die Unterlage aus. Wird jedoch dieselbe Masse von 1 kg um eine feste Achse gedreht, etwa an einem Hebelarm von nur 10 cm Länge und mit einer Drehzahl von 3000 U/min, entsprechend 50 U/sec, so übt die Masse auf die Drehachse eine Kraft von rund 1000 kg aus.

Die in der Prüftechnik vielfach üblichen Belastungsversuche mit Belastungsgewichten sind meist sehr schwerfällig in ihrer Durchführung. Durch Ausnutzung der Zentrifugalkraft kann dagegen das Tausendfache der Kraft leicht ausgeübt werden, die das Belastungsstück im Erdschwerefeld liefert[2].

---

[1] Von dynamischen Untersuchungsmethoden wird im täglichen Leben häufig fast unbewußt Gebrauch gemacht. Man prüft den Zustand eines Gegenstandes meist nicht durch Ausübung eines statischen Druckes, etwa durch Gegendrücken mit der Hand, sondern man gibt dem Gegenstand einen Stoß oder man setzt ihn durch periodisches Rütteln in Schwingungen.

Sind die periodischen Schwankungen, die ein System um die Gleichgewichtslage nach einem einmaligen Stoß ausführt, so schnell, daß sie durch das Ohr als akustischer Ton wahrnehmbar sind, so wird besonders häufig von dynamischen Methoden Gebrauch gemacht. Der Arzt beklopft den Körper, um aus dem entstehenden Ton Rückschlüsse zu ziehen. Wichtige Maschinenteile werden beklopft, um deren ordnungsmäßigen Zustand festzustellen usw.

Mit einiger Übertreibung, die jedoch die Sachlage kennzeichnet, kann gesagt werden, daß der Käufer einer Tasse, der durch Beklopfen den reinen Ton und damit die Unversehrtheit der zu erstehenden Tasse feststellt, ein wesentlich höher entwickeltes Prüfverfahren zur Anwendung bringt, als dies bei der Abnahme oder Untersuchung einer hochwertigen Schöpfung der Technik wie einer Brücke, eines Schiffes, eines Fundaments usw. geschah.

[2] Bei praktischen dynamischen Belastungsversuchen kommt außerdem noch die Möglichkeit der Ausnutzung der Resonanzwirkung, die mit dem rund 10fachen

In Abb. 2 sind diese Verhältnisse schematisch dargestellt, die Eindringlichkeit dieser Darstellung spricht für sich selbst.

2. Die Ausübung von Belastungskräften durch Ausnutzung der Zentrifugalwirkung ist unabhängig von der Erdanziehung und ist in jeder Richtung möglich, außerdem sind keine festen Gegenpunkte nötig. Während die Erdanziehung unmittelbar nur zur Ausübung von Belastungskräften in senkrechter Richtung herangezogen werden kann, ist durch Schwinger eine Prüfung in jeder Richtung möglich. Es ist deshalb gleichgültig, ob eine Prüfung in Richtung des Erdschwerefeldes, senkrecht hierzu oder auch in jeder beliebigen Richtung verlangt wird.

Die dynamische Prüfung durch Schwinger hat ferner keine festen Gegenpunkte bzw. keinen besonderen Kraftschluß nötig, wie etwa die üblichen Werkstoffprüfmaschinen einen solchen in einem besonderen Maschinenrahmen besitzen. Die zu prüfende Konstruktion braucht deshalb auch nicht eingespannt zu werden, sie kann ohne jede Vorbereitung in der natürlichen Lagerung untersucht werden. Hierdurch werden manche Prüfungsaufgaben innerhalb eines wirtschaftlich vertretbaren Aufwandes überhaupt erst möglich. So kann z. B. die Prüfung der Windverbände einer Brücke an Ort und Stelle durch dynamische Kräfte in horizontaler Richtung ohne weiteres vorgenommen werden.

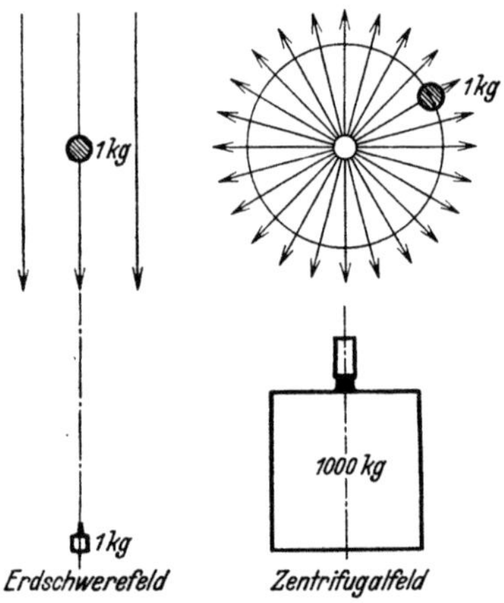

Abb. 2. Vergleich der Beschleunigung des Erdschwerefeldes und des Zentrifugalfeldes für 50 Hz.

3. Die Zentrifugalkraft ermöglicht die Ausübung schnell sich folgender Belastungszyklen. Während andere Prüfmethoden mit der Zunahme der Schnelligkeit der Belastungszyklen meist einen schnell wachsenden Aufwand bedingen, ermöglicht die Zentrifugalkraft in gewissen Grenzen eine beliebige Steigerung der Belastungsgeschwindigkeit.

Da die Zentrifugalkraft mit dem Quadrat der Umdrehungszahl zunimmt, sind schnelle Belastungswechsel mit einem geringeren Aufwand als langsame ausführbar.

4. Die Zentrifugalkraft ist sehr anpassungsfähig, sie kann vielseitig und einfach geregelt werden. Da die Erdbeschleunigung sich jeder Beeinflussung entzieht, kann eine Änderung der Belastung bei Verwendung von Belastungsgewichten nur durch eine Änderung der Masse der Belastungsgewichte erzeugt werden.

Die Ausnutzung der Zentrifugalkraft ergibt vielseitigere Möglichkeiten der Reglung. Neben der Änderung der exzentrischen Masse selbst,

---

veranschlagt werden kann, hinzu, so daß demnach mit der Masse von 1 kg eine dynamische Belastung von 10000 kg erzeugt werden kann. Damit ist heute die wichtig gewordene Prüfung naturgroßer Konstruktionen sehr erleichtert.

steht hier auch eine Regelmöglichkeit durch Änderung des Exzenterradius zur Verfügung. Ein weiteres, besonders wirkungsvolles Mittel ist die Änderung der Zentrifugalbeschleunigung durch Wahl der Umdrehungsgeschwindigkeit. Diese verschiedenen Regelmöglichkeiten, die technisch in einfachster Weise beherrschbar sind, ergeben eine sehr bequeme Verstellbarkeit der dynamischen Belastungskräfte.

c) Anwendungsgebiete der Schwingungsprüfmaschinen. Im wesentlichen können drei große Anwendungsgebiete dynamischer Messungen mit Hilfe von Schwingungsprüfmaschinen bearbeitet werden.

1. Zunächst kommt auf allen Gebieten der Technik die Anstellung schwingungstechnischer Untersuchungen allgemeiner Art in Betracht, mit dem Ziele, eine technische Konstruktion bezüglich ihres dynamischen Gesamtverhaltens in Kurven und charakteristischen Kennwerten zu erfassen. Auf Grund dieser Kennwerte ist eine eingehende Beurteilung der Güte der Konstruktion und ihrer Herstellung möglich. Ebenso sind Urteile über den jeweiligen Zustand, über den Einfluß notwendiger Veränderungen, Verstärkungen usw. auf eine sichere Grundlage gestellt. Ferner kann das Verhalten einer Konstruktion unter praktischen Betriebsbedingungen genau erfaßt werden, usw.

2. Die eindringliche und umfassende Kennzeichnung des Zustandes eines technischen Gebildes durch dynamische Messungen bringt jede Veränderung dieses Zustandes, etwa infolge einmaliger Einwirkungen oder auch infolge der ständig sich wiederholenden Einwirkungen der normalen Betriebsbeanspruchungen in ihrem Einfluß auf die dynamischen Kennwerte zur Anzeige. Dies führt zur Anstellung von dynamischen Untersuchungen in regelmäßigen Zeitabschnitten, um durch solche Terminmessungen etwaige, den Betrieb gefährdende Veränderungen eines Bauwerks rechtzeitig festzustellen.

3. Die einfache und wirtschaftliche Erzeugung schneller Belastungswechsel praktisch unbegrenzter Größe gibt die Möglichkeit, naturgroße Konstruktionen Dauerversuchen zu unterwerfen. Derartige Dauerprüfungen an ganzen Konstruktionen, wichtigen Einzelteilen usw. wie Niet- und Schweißverbindungen sind zur Ergänzung der an kleinen Werkstoffproben gewonnenen Festigkeitswerte wichtig geworden.

Hier sind ferner gewisse Möglichkeiten erwähnenswert, die mit Hilfe von Schwingungsprüfmaschinen erzeugten Erschütterungen zu technisch verwertbaren Arbeitsleistungen heranzuziehen.

Die verschiedenen Anwendungsgebiete lassen sich auch nach der Größe der zur Verwendung kommenden Kräfte gliedern, etwa nach folgendem Schema:

1. Kleine Kräfte. Wenn es sich darum handelt, die dynamischen Kennwerte einer technischen Konstruktion allgemein festzustellen, so genügt häufig eine verhältnismäßig schwache Erregung, die durch kleine, tragbare und leicht zu bedienende Prüfeinrichtungen zu erzeugen ist.

2. Betriebskräfte. Wenn das Verhalten eines Bauwerkes im praktischen Betrieb geklärt werden soll, so muß die dynamische Untersuchung mit so großen Erregerkräften durchgeführt werden, daß die erzeugten Schwingungsamplituden denen des praktischen Betriebes

gleichkommen. Diese Bedingung erfordert häufig wesentlich kräftigere Schwinger mit entsprechend großen Erregerkräften.

3. Zerstörende Kräfte. In den beiden erstgenannten Fällen tritt durch die Prüfung selbst keine Schädigung des Bauwerkes ein. Die dynamischen Kräfte können jedoch auch so groß gewählt werden, daß sich im Laufe der dauernden Einwirkung Zerstörungen zeigen, wodurch eine Prüfung im Dauerbetrieb möglich ist.

Diese nach der Größe der zur Verwendung kommenden Erregerkräfte unterschiedenen Fälle sind natürlich nicht immer genau voneinander zu scheiden, und können gegebenenfalls ineinander übergehen.

II. Theoretische Grundlagen.

§ 3. Darstellung erzwungener Schwingungen.

a) Allgemeines. Um die vielseitigen Anwendungsmöglichkeiten der dynamischen Untersuchung mit Hilfe von Schwingern im einzelnen klarzulegen, muß auf die wichtigsten Gesetze der Theorie erzwungener Schwingungen eingegangen werden. Die Erfahrung zeigt, daß die Einführung in die Schwingungstechnik durch Auflösung und Diskutierung der entsprechenden Differentialgleichungen gewisse Schwierigkeiten bereitet. Durch die rein rechnerische Behandlung geht die Anschaulichkeit verloren, die gerade hier besonders wichtig ist, da die Ergebnisse häufig von der rein statischen Betrachtungsweise stark abweichen und deshalb sehr fremdartig anmuten. Die möglichst klare Veranschaulichung der dynamischen Grundgesetze steht im folgenden stets im Vordergrund des Interesses.

Es kann sich daher nicht darum handeln, die üblichen mathematischen Ableitungen der Schwingungstechnik hier zu wiederholen, in dieser Hinsicht muß auf die einschlägige Literatur verwiesen werden[1]. Die Festsetzung der Grundbegriffe der Schwingungslehre, die Darstellung ihrer gegenseitigen Beziehungen und die Möglichkeiten ihrer meßtechnischen Erfassung werden im folgenden durchweg an Hand einfach zu übersehender geometrischer Beziehungen beschrieben. Diese „Geometrie der Schwingungstechnik" dürfte schnell das unbedingt nötige Rüstzeug auch denjenigen Ingenieuren der verschiedenen Fachrichtungen liefern, die sich bisher noch nicht mit Schwingungsfragen beschäftigten.

b) Die Sinus-Schwingung. Gegen eine feste Wand sei gemäß Abb. 3 eine Feder abgestützt, die an ihrem freien Ende die Masse m trage. Diese Masse werde durch eine passende Einrichtung, etwa durch eine Kurbelscheibe, hin- und herbewegt. Die Kurbelscheibe drehe sich mit konstanter Geschwindigkeit n-mal in der Sekunde. Der senkrecht nach oben zeigende Pfeil gebe die Nullstellung an, von der aus die Bewegung gerechnet werde, und es sei α der von dem Fahrstrahl der Kurbel in der Zeit t zurückgelegte Winkel. Der zeitliche Verlauf des Schwingungs-

[1] Siehe Zusammenstellung von Lehrbüchern der Schwingungstechnik S. 98.

ausschlages der Masse läßt sich darstellen als

$$a = A \sin \alpha;$$

worin a die augenblickliche Auslenkung der Masse aus der Nullage und A die Länge des Kurbelarmes bzw. die größtmögliche Auslenkung der Masse bedeutet. In Abb. 4a ist der zeitliche Verlauf der Amplitude a gezeichnet, wobei die nach oben gerichteten Ausschläge positiv, und entsprechend die nach unten gerichteten Ausschläge negativ angenommen werden.

Da die Kurbel sich in 1 sec $n$mal dreht, den vollen Kreis von 2π also $n$mal durchläuft, kann man auch schreiben

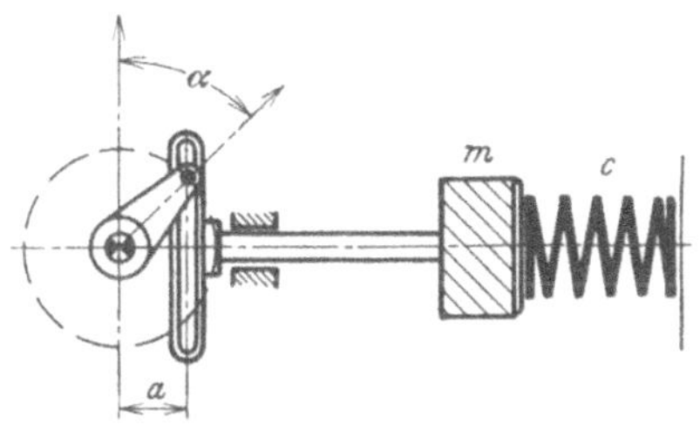

Abb. 3. Schwingungssystem mit Antrieb durch Kurbelscheibe.

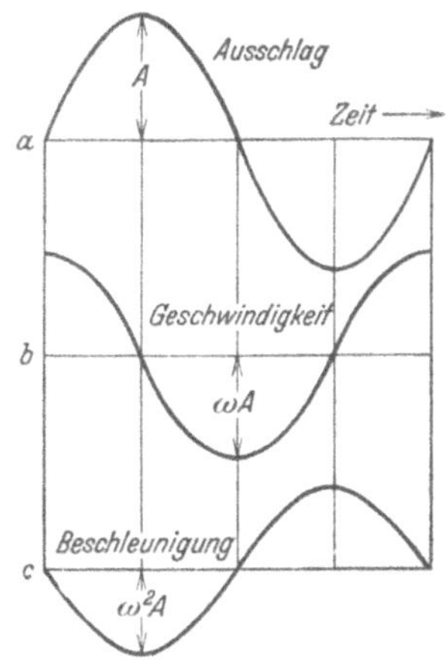

Abb. 4. Zeitlicher Verlauf von Ausschlag, Geschwindigkeit und Beschleunigung.

Der Ausdruck $\omega = 2\pi n$, der den in einer Sekunde bestrichenen Winkel angibt, wird Winkelgeschwindigkeit genannt. Der Verlauf der Amplitude kann etwa aufgezeichnet werden, indem an der Masse m ein Bleistift befestigt wird, der auf einem mit konstanter Geschwindigkeit vorbeigezogenen Streifen Papier die Bewegung der Masse m aufzeichnet.

Die Geschwindigkeit, mit der die Masse m hin- und herschwingt, wird als Differentialquotient des Ausschlags nach der Zeit erhalten, also

$$v = \frac{da}{dt} = \omega A \cos \omega t = \omega A \sin \left(\omega t + \frac{\pi}{2}\right).$$

In der Kurve Abb. 4b ist der zeitliche Verlauf der Geschwindigkeit v dargestellt. Diese beginnt mit dem positiven Höchstwert, wenn der Ausschlag gerade Null erreicht hat und die Masse mit der größten Geschwindigkeit durch die Nullage hindurchschwingt. Allmählich wird die Geschwindigkeit kleiner, um durch Null hindurchzugehen, wenn die Amplitude ihren Höchstwert besitzt. Der Höchstwert der Geschwindigkeit ergibt sich zu

$$V = \omega A .$$

Er ist also um so größer, je größer der Radius A der Kurbel ist, und je schneller die Kurbel sich dreht.

Die dritte und letzte Grundgröße ist die Beschleunigung. Sie wird rechnungsmäßig erhalten durch Differentiation der Geschwindigkeit nach der Zeit, also

$$b = \frac{dv}{dt} = \frac{d^2 a}{dt^2} = -\omega^2 A \sin \omega t = \omega^2 A \sin(\omega t + \pi).$$

Der zeitliche Verlauf der Beschleunigung beginnt nach Abb. 4c genau wie die Amplitude mit Null, nimmt jedoch zunächst negative Werte an und erreicht den negativen Höchstwert, wenn die Amplitude ihren positiven Höchstwert zeigt[1]. Der Höchstwert der Beschleunigung ergibt sich zu

$$B = \omega^2 A.$$

Wir entnehmen der Abb. 4 noch die Regel, daß die Geschwindigkeit dem Ausschlag um eine Viertelschwingung, also um 90^0 nacheilt. Die Beschleunigung eilt der Geschwindigkeit ebenfalls um eine Viertelschwingung nach und ist somit gegen den Ausschlag um 180^0 oder um π versetzt. Diese zeitlichen Unterschiede bezeichnet man mit Phase, und man sagt z. B. zwischen Ausschlag und Geschwindigkeit einer Sinusschwingung herrscht eine Phasendifferenz von 90^0 oder $\frac{\pi}{2}$.

Aus Abb. 3 folgt, daß eine nach einer Sinusfunktion veränderliche Größe durch einen Vektor darstellbar ist, den man sich ähnlich wie eine Kurbelscheibe rotierend denkt, wobei die Richtung des Vektors die jeweilige Phase gegen eine feste Zeitachse und die Projektion des Vektors auf diese Achse die jeweilige absolute Größe angibt. Wenn wir also gemäß Abb. 5 den Ausschlag durch einen nach links gerichteten Vektor von der Länge A kenntlich machen, so ist der Vektor der Geschwindigkeit nach oben gerichtet, seine Länge beträgt ωA. Der Vektor der Beschleunigung ist um 180^0 gegen den Ausschlag versetzt, er ist also nach rechts zu ziehen und $\omega^2 A$ lang zu machen. Läßt

---

[1] Dieser Verlauf der Beschleunigung läßt sich leicht dadurch klarmachen, daß man sich selbst auf der Masse sitzend denkt und ähnlich wie in einem Eisenbahnzug die Einwirkung auf den eigenen Körper beobachtet. Wenn die Masse m mit der Höchstgeschwindigkeit durch die Nullage nach rechts schwingt, ist die Einwirkung auf den Körper Null. Nunmehr beginnt eine Verlangsamung der Bewegung, und der Körper versucht von der Masse nach rechts zu rutschen. Diese Verzögerung der Masse in der positiven Richtung ist als negative Beschleunigung anzusehen, sie erreicht ihren Höchstwert, wenn die Masse zur Ruhe kommt, oder wenn, beim Beispiel des Zuges, dieser mit einem Ruck anhält. Nunmehr beginnt die Masse nach links zu schwingen — der Zug fährt rückwärts an — und es tritt in der negativen Richtung eine starke Beschleunigung auf. Solange also bei sinusförmigen Bewegungen die Masse positive Ausschläge besitzt, ist die Beschleunigung negativ und umgekehrt.

Zahlenbeispiel. Wenn eine Masse 50mal in der Sekunde hin- und herschwingt mit der einseitigen Amplitude $A = 10$ cm, so berechnet sich die Höchstgeschwindigkeit beim Durchgang durch die Nullage zu

$$V = \omega A = 2\pi \cdot 50 \cdot 10 = 3150 \text{ cm/sec}.$$

Die maximale Beschleunigung in den beiden Umkehrpunkten berechnet sich in diesem Fall zu

$$B = \omega^2 A = 990000 \text{ cm/sec}^2.$$

Sie ist also in diesem Beispiel rund 1000mal größer als die Beschleunigung der Erdanziehung von 981 cm/sec^2.

man diese drei Vektoren um den Ursprung rotieren, so gibt ihre jeweilige Projektion auf eine beliebige Zeitachse die in einem bestimmten Augenblick vorhandenen, zusammengehörigen Werte des Ausschlags, der Geschwindigkeit und Beschleunigung eines schwingenden Massenpunktes an.

Diese Darstellung von Schwingungsgrößen bezeichnet man als Vektordiagramm, sie spielt in der elektrischen Schwingungstechnik, wo ganz entsprechende Verhältnisse vorliegen, eine wichtige Rolle. An Hand solcher Diagramme sind die Zusammenhänge in mechanischen Schwingungskreisen sehr anschaulich darzustellen, und wir werden von ihnen im folgenden weitgehenden Gebrauch machen. Jede Rechnung wird durch Betrachtung der Vektordiagramme so gut wie überflüssig, denn alle wichtigen Zusammenhänge sind quantitativ aus ihnen zu entnehmen.

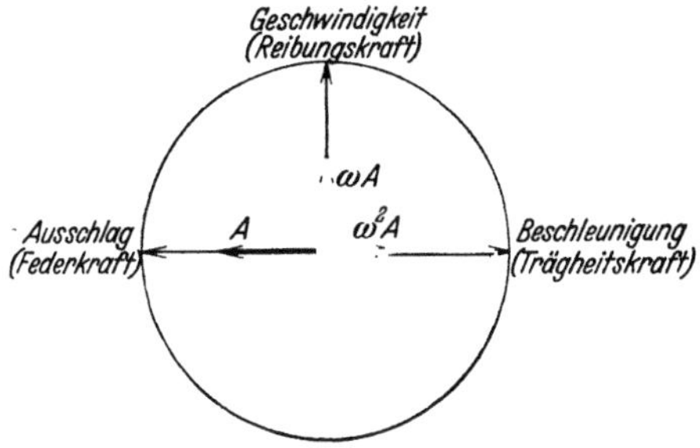

Abb. 5. Vektorielle Darstellung von Ausschlag, Geschwindigkeit und Beschleunigung.

§ 4. Vektordiagramme.

a) **Vektordiagramm der Kräfte.** Während in der Statik nur eine einzige Gegenkraft, nämlich die elastische, der Verformung verhältnisgleiche Gegenkraft berücksichtigt wird, hat sich die Dynamik im ganzen mit drei Kräften zu befassen, die von dem Ausschlag, der Geschwindigkeit und der Beschleunigung abhängen. Außer der mit dem Ausschlag proportionalen elastischen Gegenkraft ist die Reibungskraft zu überwinden, die mit der Geschwindigkeit verhältnisgleich anzusetzen ist. Hierzu tritt die mit der Beschleunigung anwachsende Trägheitskraft der Masse. Zwischen diesen drei Kräften bestehen die gleichen Phasenunterschiede wie zwischen Ausschlag, Geschwindigkeit und Beschleunigung. Wenn z. B. die Masse eines Schwingungssystems den positiven Höchstwert des Ausschlages erreicht, so ist die elastische Gegenkraft gerade am größten, die Reibungskraft ist Null, und die Trägheitskraft geht durch ihren negativen Höchstwert. Es ergibt sich also nebenstehendes Schema.

Mit	ist verhältnisgleich und gleichphasig
Ausschlag	Federkraft
Geschwindigkeit	Reibungskraft
Beschleunigung	Trägheitskraft

Die vektorielle Darstellung wird sehr übersichtlich, wenn die Formeln für diese drei Grundkräfte eines mechanischen Schwingungssystems, unter Abweichung von der meist üblichen Form, in gleichartigem Aufbau angeschrieben werden[1].

Beginnen wir mit der Reibungskraft, die bei der Verformung eines

[1] Späth, W.: Die Resonanzkurve als Unterlage für dynamische Untersuchungen. Ing.-Arch. Bd. 2 (1932) S. 651.

Schwingungssystems entsteht. Zur Kennzeichnung der Reibung diene der Reibungswiderstand r, der die bremsende Kraft bestimmt, die bei der Verformungsgeschwindigkeit 1 auftritt. Für die Geschwindigkeit V errechnet sich dann der Höchstwert der Gegenkraft der Reibung zu

$$\boldsymbol{P_r = r\,V}. \tag{1}$$

Die Gegenkraft der Reibung stellt sich demnach dar als Produkt aus dem Reibungswiderstand und der Geschwindigkeit der Verformung[1].

In ähnlicher Weise lassen sich die beiden anderen Kräfte als Produkt aus einem „Widerstand" und der Geschwindigkeit darstellen.

Die Federung des Schwingungssystems besitze die Federkonstante c, d. h. zur Verformung um die Längeneinheit von 1 cm sei die Kraft von c kg nötig. Um die Feder um A cm zu verformen, ist demnach die Federkraft

$$P_c = c\,A$$

nötig. Diese Gegenkraft der Federung ist also verhältnisgleich und gleichphasig mit dem Ausschlag A. Da dieser auch geschrieben werden kann

$$A = \frac{V}{\omega},$$

so ist

$$\boldsymbol{P_c = \frac{c}{\omega} V}. \tag{2}$$

Damit ist die Federkraft ebenfalls als Produkt aus einem „Widerstand $\frac{c}{\omega}$" und der Geschwindigkeit V dargestellt.

Die Trägheitskraft, die bei der Beschleunigung B der Masse m zu überwinden ist, beträgt

$$P_m = m\,B,$$

somit

$$P_m = m\,\omega^2 A,$$

was sich auch wie folgt zusammenfassen läßt

$$P_m = (\omega\,m)\,(\omega\,A),$$

also

$$\boldsymbol{P_m = \omega\,m \cdot V}. \tag{3}$$

Damit ist auch die Gegenkraft der Trägheit als Produkt aus einem „Widerstand ωm" der Trägheit und der Geschwindigkeit V anzugeben.

Federkraft und Trägheitskraft stehen senkrecht zum Vektor der Geschwindigkeit, sie leisten daher keine Arbeit, sondern es tritt ledig-

[1] Trotzdem in der Praxis die Gesamtreibungskraft sich aus Einzelreibungen der verschiedensten Art mit jeweils besonderer Eigengesetzlichkeit zusammensetzt, läßt sich stets ein Reibungswiderstand r nach obiger Formel definieren. Dieser Reibungswiderstand ist so zu wählen, daß die in ihm verbrauchte Leistung der tatsächlich verbrauchten Leistung gleichkommt.

lich ein verlustloses Pendeln der in der Feder aufgespeicherten Energie in die kinetische Energie der Masse und umgekehrt auf. Diese beiden Kräfte werden daher auch als „wattlose“ Kräfte bezeichnet, im Gegensatz zur Reibungskraft, die eine „Wattkraft“ darstellt. Die Reibungskraft ist gleichphasig mit der Geschwindigkeit und leistet demnach in dem Reibungswiderstand eine bestimmte Arbeit, die in dem Schwingungssystem dauernd verbraucht wird.

Die folgenden Betrachtungen setzen voraus, daß die drei Bestimmungsstücke c, m und r eines Schwingungssystems unabhängig von der Geschwindigkeit, bzw. von dem Ausschlag oder der Beschleunigung sind. Im allgemeinen lassen sich unter dieser Einschränkung die Schwingungserscheinungen der Technik beschreiben, in Sonderfällen muß jedoch die Veränderlichkeit dieser Bestimmungsgrößen eines Schwingungssystems berücksichtigt werden (vgl. § 8).

Wenn ein Schwingungssystem mit einer bestimmten Frequenz periodisch mit einem bestimmten Ausschlag und somit auch mit einer bestimmten Geschwindigkeit und Beschleunigung verformt wird, so sind die oben definierten drei Einzelwiderstände zu überwinden. Diese drei Einzelwiderstände können geometrisch zu einem einzigen Gesamtwiderstand R zusammengefaßt werden, dessen Größe und Phase die Eigenschaften eines Schwingungssystems unter gegebenen Bedingungen im wesentlichen bestimmt. Durch Multiplikation dieses Gesamtwiderstandes mit der Geschwindigkeit der Verformung ergibt sich entsprechend die Gesamtkraft nach Größe und Phase, die zur Aufrechterhaltung der Verformungsgeschwindigkeit nötig ist, gemäß der Formel

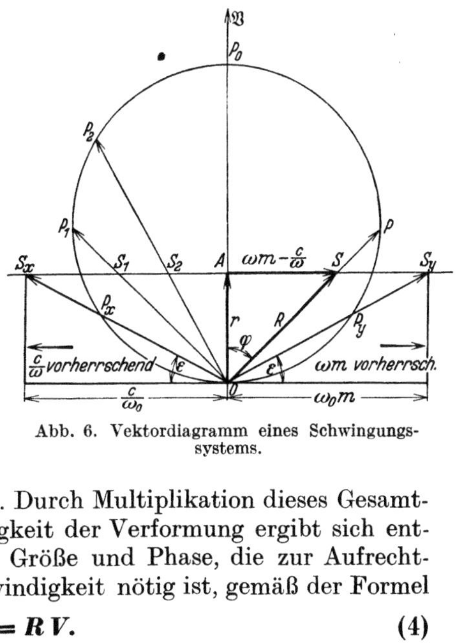

Abb. 6. Vektordiagramm eines Schwingungssystems.

$$\boldsymbol{P} = \boldsymbol{R}\,\boldsymbol{V}. \tag{4}$$

Es handelt sich demnach um die Bestimmung dieses Gesamtwiderstandes R.

Nimmt man in einem rechtwinkligen Koordinatensystem (Abb. 6) die Richtung der Geschwindigkeit senkrecht nach oben an, so liegt der Wattwiderstand r in derselben Richtung. Die Größe dieses Widerstandes sei $OA = r$. Der wattlose Widerstand ωm der Trägheit werde vom Nullpunkt nach rechts auf der Abszisse abgetragen, dann ist der wattlose Widerstand $\frac{c}{\omega}$ der Federung nach links zu ziehen.

Da die beiden wattlosen Widerstände ωm und $\frac{c}{\omega}$ stets einander entgegengesetzt gerichtet sind, so bleibt aus dem Zusammenwirken dieser beiden Widerstände stets ihre absolute Differenz übrig, deren Richtung entweder nach rechts oder links weist, je nach dem Überwiegen des einen oder anderen. In horizontaler Richtung kann daher für jede Frequenz der entsprechende Betrag $\omega m - \frac{c}{\omega}$ abgetragen werden, dessen Größe für eine bestimmte Frequenz AS sei.

Der Gesamtwiderstand R, den das Schwingungssystem für eine bestimmte Frequenz darstellt, ergibt sich aus der geometrischen Zusammensetzung des Reibungswiderstandes OA und der Differenz der wattlosen Widerstände $AS = \omega m - \frac{c}{\omega}$. Seine absolute Länge berechnet sich demnach als Hypotenuse des Dreiecks OAS zu

$$\boldsymbol{R = \sqrt{\left(\omega m - \frac{c}{\omega}\right)^2 + r^2}} \tag{5}$$

und die zur Überwindung dieses Widerstandes R nötige Gesamtkraft ist gemäß Formel 4

$$P = RV = V\sqrt{\left(\omega m - \frac{c}{\omega}\right)^2 + r^2}.$$

Zwischen der Geschwindigkeit V und dem Gesamtwiderstand R, bzw. der zur Aufrechterhaltung dieser Geschwindigkeit nötigen Kraft besteht die Phasenverschiebung

$$\operatorname{tg}\varphi = \frac{\omega m - \frac{c}{\omega}}{r} \quad \text{bzw.} \quad \cos\varphi = \frac{r}{\sqrt{\left(\omega m - \frac{c}{\omega}\right)^2 + r^2}}. \tag{6}$$

Als Funktion dieser Phasenverschiebung ergeben sich damit die Ausdrücke für den Gesamtwiderstand und die erregende Kraft zu

$$R = \frac{r}{\cos\varphi}, \qquad P = \frac{r}{\cos\varphi} V. \tag{7}$$

Die Abb. 6 läßt alle wichtigen Gesetze der Schwingungstheorie ohne weiteres erkennen, soweit sie für eine nutzbringende Anwendung dynamischer Messungen benötigt werden, insbesondere sind dem Dreieck OAS die numerischen Zusammenhänge sofort zu entnehmen. Die weiteren Ableitungen können sich daher im wesentlichen auf die Auswertung dieser Abbildung beschränken.

Von besonderer Wichtigkeit ist die Kenntnis der Abhängigkeit der einzelnen Werte von der Höhe der erregenden Frequenz. Da der Reibungswiderstand von der Frequenz ω unabhängig ist, so ändert sich mit veränderlicher Frequenz ω lediglich die Differenz der wattlosen Widerstände. Die Spitze S des Vektors des Gesamtwiderstandes wandert daher mit veränderlicher Frequenz auf einer Parallelen zur Abszissenachse im Abstand r und nimmt nacheinander alle Stellungen S_x, S_1, S_2, A, S, S_y an. Bei niedriger Frequenz der erregenden Kraft ist die Differenz der wattlosen Widerstände negativ, der resultierende wattlose Widerstand ist also nach links gerichtet. Es überwiegt in diesem Fall der Einfluß des Federwiderstandes, und die Geschwindigkeit eilt dem Widerstand bzw. der erregenden Kraft voraus. Die Federung eines Schwingungssystems kann daher mit der Kapazität eines elektrischen Schwingungskreises verglichen werden, bei der ebenfalls der Strom der angelegten Spannung vorauseilt.

Mit wachsender Frequenz ω wird jedoch die Differenz $\omega m - \frac{c}{\omega}$ immer kleiner, da der Federwiderstand $\frac{c}{\omega}$ abnimmt, der Trägheitswiderstand ωm dagegen zunimmt. Für eine ganz bestimmte Frequenz, die mit ω_0 bezeichnet sei, werden diese beiden Widerstände einander gleich, also

$$\omega_0 m = \frac{c}{\omega_0}.$$

Für diese kritische Frequenz wird demnach

$$\omega_0 m - \frac{c}{\omega_0} = 0,$$

und es bleibt nur noch der Reibungswiderstand $OA = r$ übrig. Der Gesamtwiderstand und die zur Aufrechterhaltung der Geschwindigkeit V nötige Kraft werden jetzt zu einem Minimum, Kraft und Geschwindigkeit sind in Phase.

Die kritische Frequenz, für welche die Differenz der wattlosen Widerstände zu Null wird, berechnet sich aus der Federkonstanten c und der Masse m des Schwingungssystems zu

$$\omega_0 = \sqrt{\frac{c}{m}}, \tag{8}$$

sie ist also nichts anderes als die Eigenfrequenz (Eigenschnelle) des Systems bei Abwesenheit dämpfender Einflüsse.

Wird die Frequenz über den kritischen Wert ω_0 gesteigert, so überwiegt immer mehr der Trägheitswiderstand, die Spitze S des Vektors des Gesamtwiderstandes wandert nach rechts, sein Absolutwert steigt wieder an und die zur Aufrechterhaltung der Geschwindigkeit nötige Kraft wird entsprechend größer. Die Geschwindigkeit eilt nun der erregenden Kraft nach, die Anordnung verhält sich wie die Induktivität eines elektrischen Kreises, bei welcher die Stromstärke gegenüber der angelegten Spannung ebenfalls nacheilt.

Nach dem Vorbild der Elektrotechnik kann man den wattlosen Widerstand $\left(\omega m - \frac{c}{\omega}\right)$ die Reaktanz und den Gesamtwiderstand R scheinbaren Widerstand oder auch Impedanz des mechanischen Schwingungskreises nennen.

Für den Gesamtwiderstand R sind drei Frequenzgebiete zu unterscheiden, in denen jeweils ein Einzelwiderstand für das Verhalten des Schwingungssystems im wesentlichen bestimmend ist, während die beiden anderen Widerstände mehr oder weniger zu vernachlässigen sind. Diese drei Frequenzgebiete unterscheiden sich in ihrem Verhalten grundsätzlich voneinander.

Für niedrige Frequenzen ist der Widerstand der Federung maßgebend. Das Schwingungssystem verhält sich so, als ob weder Reibung noch Massenträgheit vorhanden wäre. Dieses Gebiet entspricht also der üblichen statischen Betrachtung

Für Frequenzen in der Nähe der kritischen Frequenz ω_0 heben sich die Widerstände der Federung und der Massenträgheit gegenseitig auf, und es bleibt nur der Widerstand der Reibung übrig. Das System verhält sich in diesem Bereich so, als ob Federung und Masse nicht vorhanden wären. Infolgedessen nimmt der Gesamtwiderstand verhältnismäßig niedrige Werte an.

Wächst die erregende Frequenz weiter an, so tritt der Einfluß der Reibung und der Federung zurück gegenüber dem immer mehr anwachsenden Widerstand der Massenträgheit. Man kann jetzt also die Federung aus dem Schwingungssystem entfernen, ohne daß sich etwas an dem Schwingungsvorgang ändert.

Während in der Elektrotechnik der entsprechende Gesamtwiderstand R eines aus Selbstinduktion L, Kapazität C und Ohmschem Widerstand W bestehenden Schwingungskreises, also der Ausdruck

$$R = \sqrt{\left(\omega L - \frac{1}{\omega C}\right)^2 + W^2} \text{ (Impedanz)}$$

die entscheidende Rolle spielt, findet in der Technik mechanischer Schwingungssysteme dieser Gesamtwiderstand noch nicht die ihm gebührende Beachtung. Dieser Gesamtwiderstand R, also das Verhältnis der angelegten Wechselkraft zur erzeugten Geschwindigkeit, bzw. die zur Erzeugung der Geschwindigkeit 1 nötige Erregerkraft, ist die maßgebliche Grundgröße, da sie von den jeweiligen Versuchsbedingungen, etwa der Größe der erregenden Kraft, völlig unabhängig ist, wenigstens solange lineare Beziehungen herrschen[1].

Dasselbe gilt auch von der Phase. Der Phasenverschiebung zwischen erregender Kraft und erzeugter Schwingungsgröße kommt für die praktische Versuchstechnik eine nicht genug zu unterstreichende Bedeutung zu, schon deshalb, weil auch diese Phasenverschiebung völlig unabhängig von der Größe der jeweiligen Erregerkraft ist. Ferner lassen sich alle rechnerischen Beziehungen zwischen den einzelnen Schwingungsgrößen in der Phasenverschiebung ausdrücken, so daß die Messung der Phase (§ 12, 16) eine wesentliche Bereicherung der zahlenmäßigen Beziehungen ergibt.

---

[1] Der Reibungswiderstand r hat im CGS-System die Dimension grsec^{-1}. Die gleiche Dimension haben auch die wattlosen Widerstände ωm und $\frac{c}{\omega}$, wie sich durch Einsetzen sofort ergibt. In der Elektrotechnik wird der Widerstand der drei entsprechenden Schaltelemente, also das Verhältnis von angelegter Spannung zu erzeugtem Strom an Ohmschem Widerstand, Kapazität und Selbstinduktion in „Ohm“ gemessen. Eine entsprechende Bezeichnung für das Verhältnis der an einem Reibungswiderstand, einem Federwiderstand oder einem Trägheitswiderstand angelegten Wechselkraft zur erzeugten Geschwindigkeit würde auch in der Mechanik gute Dienste tun.

Auch die Kontrolle der Meßgenauigkeit und der Nachweis störender Einflüsse irgend welcher Art ist durch Auftragung des Gesamtwiderstandes mit der jeweiligen Phasenrichtung am einfachsten, denn die Endpunkte der Vektoren des Gesamtwiderstandes müssen auf einer geraden Linie liegen, so daß sofort eine Störung festzustellen ist. Jede Abweichung vom geraden Verlauf, etwa infolge Einsetzens anharmonischer Verhältnisse (§ 8) kommt hierdurch deutlich zur Anzeige.

b) Kraft-Geschwindigkeits-Diagramm. In der Technik ist meistens eine periodische Erregerkraft vorhanden, die auf ein schwingungsfähiges System einwirkt, und es ist die durch diese Kraft erzeugte Geschwindigkeit (bzw. Amplitude) der Verformung gesucht. Die Fragestellung liegt also gerade umgekehrt wie den bisherigen Betrachtungen zugrunde gelegt wurde, die eine bestimmte Geschwindigkeit als gegeben annahmen und die Kraft suchten, die zur Aufrechterhaltung der gegebenen Geschwindigkeit nötig ist.

Die Größe der Geschwindigkeit, die durch eine periodische Kraft vom Maximalwert P in einem Schwingungssystem erzeugt wird, berechnet sich ohne weiteres aus Formel (6) zu

$$V = \frac{P}{\sqrt{\left(\omega\, m - \frac{c}{\omega}\right) + r^2}} \tag{9}$$

oder auch

$$V = \frac{P}{r} \cos\varphi .$$

In der Darstellung der Abb. 6 erhält man also die Geschwindigkeit, indem man eine bestimmte Größe der Kraft P voraussetzt und diesen Wert durch den Gesamtwiderstand, gegeben durch die Länge des jeweiligen Vektors OS, dividiert. Diese Division liefert die gesuchte Geschwindigkeit als Vektor OP nach Größe und Phase. Führt man diese Division für eine Anzahl von Frequenzen durch, so ergibt sich als geometrischer Ort für die Endpunkte der einzelnen Geschwindigkeitsvektoren $P_x\ P_1\ P_2\ P_0,\ P,\ P_y$ ein Kreis[1]. Dieser Kreis berührt die Abszissenachse in O, sein Durchmesser ist $\frac{P}{r}$, da für die kritische Frequenz ω_0, bei der wie oben gezeigt der Gesamtwiderstand durch den Reibungswiderstand r allein gegeben ist, die Geschwindigkeit V sich zu $\frac{P}{r}$ berechnet.

Zur übersichtlichen Darstellung der in der Schwingungslehre technischer Konstruktionen vorkommenden Verhältnisse werden im folgenden jeweils drei Schwingungssysteme untersucht, bei denen die Reibungswiderstände r sich wie $1:2:4$ verhalten. Die entsprechenden Diagramme sind in Abb. 7, 8, 9 gezeichnet[2]. Die Kreise stellen also jeweils den geometrischen Ort für den Endpunkt der Geschwindigkeitsvek-

[1] In der Geometrie wird diese Operation Transformation durch reziproke Radien genannt.

[2] Die drei Diagramme sind mit $Z = 0{,}1,\ 0{,}2,\ 0{,}4$ bezeichnet, über die Bedeutung von Z siehe S. 30.

toren unter der Annahme einer gleich großen erregenden Kraft in allen drei Fällen dar. Sie können ohne weiteres gezeichnet werden, da ihr Durchmesser $\frac{P}{r}$ jeweils bekannt ist. Im Interesse einer eingehenden Diskussion sind jedoch eine Anzahl von Kreispunkten einzeln durch geometrische Konstruktion aufgesucht worden mit dem Ziele, die für die einzelnen Kreispunkte geltenden Frequenzverhältnisse zu bestimmen. Es wird angelegentlich empfohlen, ein solches Diagramm selbst zahlenmäßig zu entwerfen, um so in die Zusammenhänge aus eigener Anschauung einzudringen.

Der besondere Wert von ω, für den $\omega m - \frac{c}{\omega} = 0$ ist, werde der Einfachheit halber als Einheit der Frequenz gewählt und damit $\omega_0 = 1$

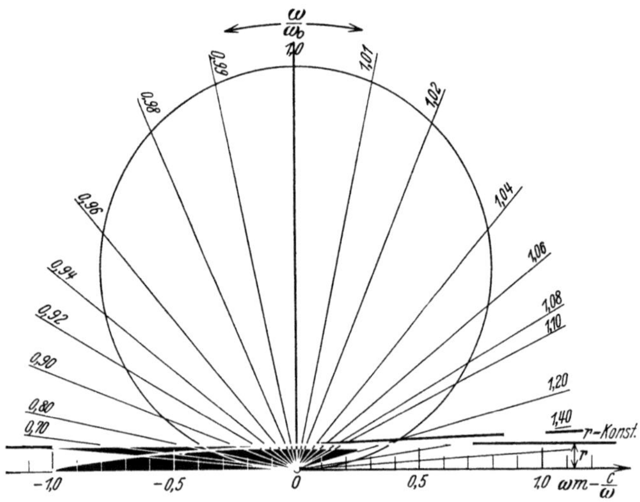

Abb. 7. Vektordiagramm für $Z = 0{,}1$.

gesetzt. Ebenso werde die Federkonstante des Systems $c = 1$ angenommen, so daß daraus auch $m = 1$ folgt. Zur Konstruktion der Kreise wird zunächst die Parallele zur Abszissenachse im Abstand r gezogen. Auf dieser Parallelen werden für verschiedene Frequenzverhältnisse $\frac{\omega}{\omega_0}$ die sich ergebenden Beträge $\omega m - \frac{c}{\omega}$ abgetragen. Hierauf werden vom Nullpunkt aus Strahlen nach den Endpunkten der wattlosen Widerstände gezogen und auf diesen Strahlen, die mit dem jeweils geltenden Frequenzverhältnis $\frac{\omega}{\omega_0}$ bezeichnet sind, Stücke entsprechend $\frac{P}{R}$ abgetragen.

Aus den drei Diagrammen ist zu entnehmen, daß für kleine Frequenzen die Geschwindigkeiten sehr klein sind, mit wachsender Frequenz jedoch allmählich größer werden unter gleichzeitiger Verringerung der Phasendifferenz gegenüber der senkrecht nach oben anzunehmenden Kraft. Für die Frequenz $\omega_0' = 1$ wird in allen drei Diagrammen der Höchstwert der Geschwindigkeit erreicht, wobei Kraft und Geschwindigkeit in Phase sind. Mit weiter wachsender Frequenz wird die Geschwindigkeit wieder kleiner, und die Phasendifferenz wächst wieder an.

c) **Kraft-Amplitude-Diagramm.** Die Grunderscheinungen erzwungener Schwingungen ergeben sich demnach in außerordentlich übersichtlicher Weise, wenn man von der Geschwindigkeit des Schwingungs-

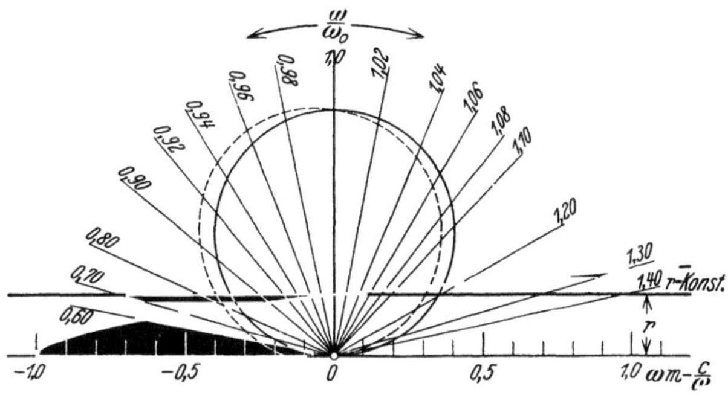

Abb. 8. Vektordiagramm für $Z = 0{,}2$.

vorganges ausgeht. Die Geschwindigkeit bedeutet für mechanische Schwingungssysteme die maßgebende Grundgröße, da sich die drei Einzelkräfte in einfachem Zusammenhang mit der Geschwindigkeit an-

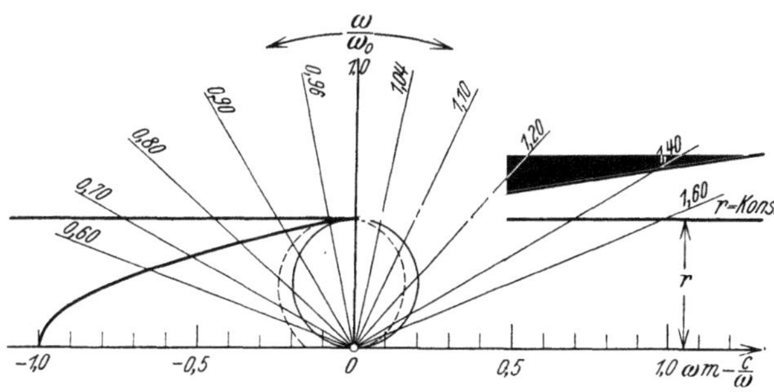

Abb. 9. Vektordiagramm für $Z = 0{,}4$.

geben lassen. Die Geschwindigkeit entspricht der Stromstärke in elektrischen Kreisen, auf der sich in entsprechender Weise die Beziehungen aufbauen.

Meistens wird jedoch in der Literatur von dem Ausschlag eines Schwingungssystems ausgegangen. Dies ist insofern erklärlich, als der Ausschlag sich der Beobachtung am sinnfälligsten darbietet, auch gibt er unmittelbar ein Maß für die Beanspruchung der elastisch verformten Federung. Die klare Durchsichtigkeit der Zusammenhänge geht jedoch hierbei verloren.

Immerhin lassen sich auch die Ausschläge erzwungener Schwingungen sehr einfach und übersichtlich darstellen, wenn man zunächst von der jeweiligen Geschwindigkeit ausgeht, um dann durch einfache Transformation die Ausschläge zu gewinnen. Zwischen Ausschlag und Geschwindigkeit gilt, wie gezeigt wurde, die Beziehung

$$A = \frac{V}{\omega}.$$

Man erhält demnach aus der Geschwindigkeit den jeweiligen Ausschlag durch Division mit der zugehörigen Frequenz ω, somit

$$A = \frac{P}{\omega R} = \frac{P}{r\omega}\cos\varphi = \frac{P}{\omega\sqrt{\left(\omega m - \frac{c}{\omega}\right)^2 + r^2}}. \qquad (10)$$

Damit ist der Weg gezeigt, wie durch einfache Transformation auch die Amplituden abzuleiten sind.

In ähnlicher Weise, wie in Abb. 7, 8, 9 der geometrische Ort für die erregende Kraft zur Erzeugung einer bestimmten Geschwindigkeit gezeichnet ist und sich als Parallele zur Abszissenachse ergibt, kann zunächst der geometrische Ort für den Endpunkt des Kraftvektors konstruiert werden, der zur Erzeugung einer gegebenen Amplitude nötig ist. Dieser geometrische Ort wird durch Multiplikation des Vektors des Gesamtwiderstandes OS mit der jeweiligen Frequenz ω erhalten. Führt man diese Multiplikation graphisch aus, so geht wie in Abb. 7, 8, 9 dargestellt ist, die im Abstand r zur Abszissenachse gezogene Parallele in eine Parabel über. Sie beginnt für die Frequenz $\omega = 0$ auf der negativen Abszissenachse mit dem Wert c, geht durch den Schnittpunkt der Parallelen mit der Ordinate, um sich nach rechts ins Unendliche zu erstrecken. Diese Parabel schneidet demnach auf den vom Ursprung gezogenen Strahlen Stücke ab, die der zur Aufrechterhaltung des angenommenen Ausschlages nötigen Erregerkraft nach Größe und Phase entsprechen[1].

Ähnlich wie bei der Geschwindigkeit ist auch bezüglich des Ausschlags die Fragestellung meist umgekehrt. Man will im allgemeinen nicht die zur Erzielung einer bestimmten und konstanten Amplitude nötige Kraft ermitteln, sondern es handelt sich meist um die Erfassung des Ausschlags nach Phase und Amplitude in Abhängigkeit von der Frequenz einer Erregerkraft bekannter Größe. Die entsprechenden Diagramme erhält man wiederum durch Inversion, d. h. die Größe der Erregerkraft ist durch die von der Parabel abgeschnittenen Strecken zu dividieren, und der so erhaltene Wert ist auf den verschiedenen Strahlen abzutragen. Als Ergebnis dieser punktweise durchgeführten Division erhält man die in Abb. 8, 9 gestrichelt eingezeichneten, kreisähnlichen Kurven, die sich mehr oder weniger den Kreisdiagrammen

[1] In der gewählten Darstellung wird die Entstehung dieser Parabel anschaulich zum Ausdruck gebracht. Auf diese Parabel hat wohl zum erstenmal C. Runge hingewiesen, neuerdings hat sich H. v. Sanden: Ing.-Arch. Bd. 1 (1930) S. 645 mit ihr beschäftigt. Auch wies in einem Vortrag auf der Schwingungstagung des VDI München 1931 M. Tolle auf die Vorteile dieser Parabel hin (Drehstrecker).

der Geschwindigkeit anpassen[1]. Der Vektor der Kraft ist hierbei horizontal nach links einzuzeichnen. Die weitere Diskussion folgt weiter unten[2].

d) Einige Umformungen. Die grundlegenden Beziehungen zwischen Geschwindigkeit bzw. Ausschlag und erregender Kraft eines Schwingungssystems sind, um dies noch einmal zusammenzufassen, durch die einfachen Formeln

$$V = \frac{P}{R}, \qquad A = \frac{P}{\omega R}$$

gegeben, wobei aus der Abb. 6 jederzeit in einfachster Weise der Wert für den Gesamtwiderstand R zu

$$R = \sqrt{\left(\omega m - \frac{c}{\omega}\right)^2 + r^2}$$

entnommen werden kann.

Der Aufbau der Formeln ist in dieser Schreibweise sehr durchsichtig. In der Literatur werden allerdings hiervon abweichende Formen im allgemeinen angegeben. Um den Zusammenhang der sonst üblichen Schreibweisen mit den oben zusammengefaßten Formeln darzustellen, seien deshalb noch kurz einige Umformungen gegeben, wobei es genügen wird, lediglich auf die Amplitude einzugehen.

Nimmt man in Formel (8) die Frequenz ω unter die Wurzel, so erhält man

$$A = \frac{P}{\sqrt{(\omega^2 m - c)^2 + \omega^2 r^2}}. \tag{11}$$

In dieser Form wird die Amplitude häufig in der Literatur angegeben. Setzt man hierin die erregende Frequenz Null, d. h. wird eine konstant wirkende Kraft P angenommen, so ergibt sich

$$A_{stat} = \frac{P}{c}.$$

Dies ist nichts anderes als der Ausschlag des Schwingungssystems unter einer statischen Kraft P, der deshalb mit A_{stat} bezeichnet ist.

Nimmt man in dem Ausdruck für A die Masse m im Nenner vor die Wurzel, so erhält man

$$A = \frac{P}{m\sqrt{(\omega^2 - \omega_0^2)^2 + \omega^2 \cdot \frac{r^2}{m^2}}}. \tag{12}$$

---

[1] Die sich ergebende Kurve heißt bizirkulare Quartik. Entsprechende Kurven ergeben sich bei der Verfolgung der Spannungsvektoren an dem Kondensator eines elektrischen Schwingungskreises. (Vgl. G. Hauffe: Ortskurven der Starkstromtechnik. Berlin: Julius Springer 1932.) Lehr, E.: Arch. Elektrotechn. Bd. 3 (1931) S. 330. Strutt, M. J. O.: Über die Admittanz linearer Schwingungssysteme. Ann. Physik Bd. 402 (1931) S. 244.

[2] In der Abb. 7 ist die Kurve für die Amplitude nicht eingezeichnet, da diese sehr nahe mit dem Geschwindigkeitskreis bei dem angenommenen Wert des Reibungswiderstandes zusammenfällt.

Dies kann auch geschrieben werden

$$A = \frac{P}{c\sqrt{\left(\frac{\omega^2}{\omega_0^2} - 1\right)^2 + \frac{\omega^2}{\omega_0^2}\frac{r^2}{m^2}}} = A_{stat} \cdot F. \tag{13}$$

Der Schwingungsausschlag wird demnach erhalten durch Multiplikation des statischen Ausschlages A_{stat} mit einem Faktor F, der die jeweilige Vergrößerung angibt.

§ 5. Die Resonanzkurven für konstante Erregerkraft.

Die übliche Darstellung der Verhältnisse an mechanischen Schwingungskreisen beschränkt sich im allgemeinen auf die Untersuchung des Verlaufs der absoluten Schwingungsgrößen in Abhängigkeit von der Frequenz der erregenden Kraft. Zur Kennzeichnung der Phasenverhältnisse wird außerdem ein besonderes Phasendiagramm gezeichnet. Durch diese getrennte Darstellung geht die Übersichtlichkeit zum Teil verloren. Immerhin ist es von praktischer Bedeutung, sich den Verlauf der Absolutwerte der Schwingungsgrößen und auch der besonderen Phasenverhältnisse im einzelnen klarzumachen. Die entsprechenden Werte können ohne weiteres den Diagrammen 7, 8, 9 entnommen werden.

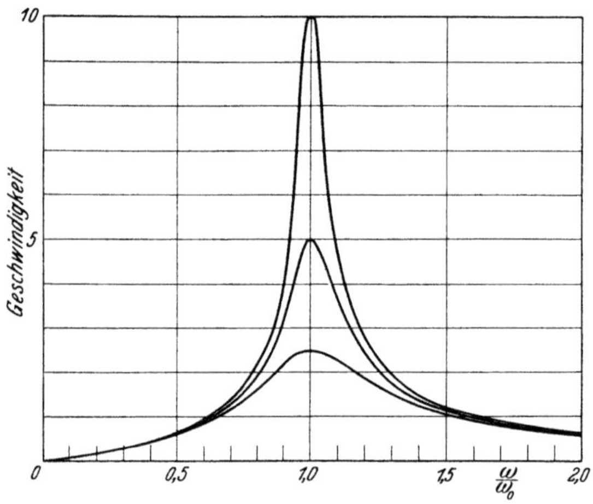

Abb. 10. Resonanzkurven der Geschwindigkeit.

Als Abszisse wird hierbei vorteilhaft nicht die erregende Frequenz selbst, sondern das Verhältnis dieser Frequenz zur kritischen Eigenfrequenz ω_0 gewählt. Ferner ist die erregende Kraft ihrem Absolutwert nach konstant anzunehmen, d. h. die periodisch wechselnde Kraft möge zwischen einem positiven und negativen Grenzwert schwanken, dessen Größe von der Frequenz selbst unabhängig ist. Auf diese Weise werden zunächst die eigentlichen Resonanzverhältnisse zur Anschauung gebracht.

a) Die Resonanzkurven der Geschwindigkeit. Die Absolutwerte der Geschwindigkeit für die verschiedenen Frequenzverhältnisse ergeben sich als Länge der Strahlen bis zum Schnittpunkt mit dem jeweiligen Kreis. Diese Längen sind in Abb. 10 für die drei Werte des Reibungswiderstandes r aufgetragen. Die Kurven beginnen bei Null, steigen dann allmählich an und erreichen ihren Höchstwert für alle drei Werte des

Reibungswiderstandes bei der kritischen Eigenfrequenz ω_0. Der Höchstwert errechnet sich zu

$$V_{\max} = \frac{P}{r},$$

er ist also lediglich von der Größe des Reibungswiderstandes abhängig. Bei weiter gesteigerter Frequenz der erregenden Kraft nimmt die Geschwindigkeit allmählich auf Null ab.

b) Die Resonanzkurven des Ausschlags. Aus den Diagrammen 7, 8, 9 können in entsprechender Weise auch die Resonanzkurven des Ausschlags entnommen werden (Abb. 11). Diese beginnen mit dem Wert $\frac{P}{c}$, der der statischen Auslenkung unter der konstant wirkenden Kraft P entspricht. Reibungs- und Trägheitswiderstand haben keinen Einfluß. Mit allmählich steigender Erregerfrequenz nehmen die Ausschläge zu, erreichen dann einen bestimmten Höchstwert, um hierauf gegen Null asymptotisch abzusinken. Man erkennt ferner, daß mit wachsendem Reibungswiderstand eine, wenn auch kleine Verschiebung der kritischen Frequenzen, für welche der Höchstwert der Amplitude erreicht wird, nach niedrigeren Werten erfolgt.

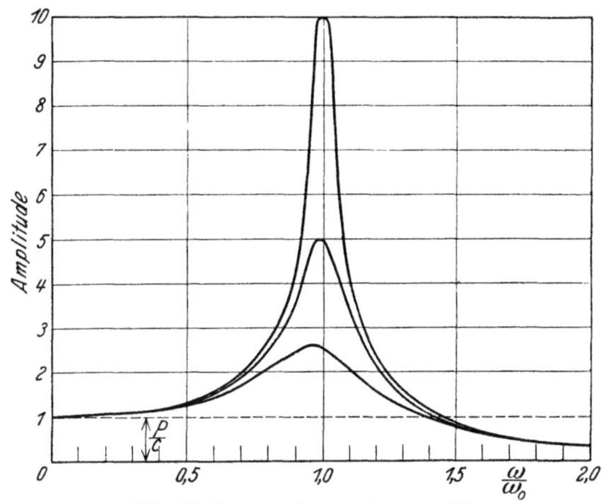

Abb. 11. Resonanzkurven des Ausschlages.

Dieser Verlauf der Amplitudenkurven läßt sich besonders deutlich verfolgen, wenn man sich daran erinnert, daß die Amplitude aus der Geschwindigkeit durch Division mit ω hervorgeht. Die Funktion

$$y = \frac{1}{\omega}$$

stellt eine Hyperbel dar, die sich für kleine Werte von ω der Ordinatenachse, für große Werte dagegen der Abszissenachse anschmiegt. Die Amplitude wird also erhalten durch Multiplikation der Geschwindigkeitsresonanzkurven mit den Ordinaten dieser Hyperbel. Hierbei tritt eine Erhöhung der Geschwindigkeitskurve unterhalb ω_0 und eine Erniedrigung oberhalb ω_0 ein. Man erkennt daraus, daß für spitze Resonanzkurven diese Reduktion keinen fühlbaren Einfluß auf die Lage des Höchstwertes haben kann. Erst für sehr breite Resonanzkurven ist der Einfluß der Reduktion merklich, so daß eine Verschiebung des Höchstwertes der Amplitude nach kleineren Erregerfrequenzen eintritt.

Quantitativ berechnet sich die kritische Frequenz, für welche der Höchstwert der Amplitude erreicht wird, aus der Bedingung, daß der

Nenner der Formel (11) ein Minimum wird. Die Ableitung des Nenners nach der Frequenz muß daher gleich Null gesetzt werden, woraus sich errechnet

$$\omega_k = \sqrt{\frac{c}{m} - 2\left(\frac{r}{2\,m}\right)^2} = \sqrt{\omega_0^2 - 2\left(\frac{r}{2\,m}\right)^2}\,. \tag{14}$$

Die kritische Frequenz, bei welcher der Höchstwert des Ausschlags erreicht wird, liegt demnach tiefer als die Eigenfrequenz ω_0. Sie liegt aber auch tiefer als die bei Vorhandensein eines Reibungswiderstandes r sich zeigende Eigenfrequenz abklingender Schwingungen. Für diese errechnet sich[1]

$$\omega_e = \sqrt{\omega_0^2 - \left(\frac{r}{2\,m}\right)^2}\,. \tag{15}$$

Während also die Resonanz der Geschwindigkeit genau bei der Frequenz ω_0 liegt, erreicht die Amplitude ihren Höchstwert im Gegensatz hierzu etwas tiefer. Diese Unterschiede spielen allerdings praktisch kaum eine Rolle, sie werden erst merklich bei größeren Werten der Reibung[2].

c) Die Resonanzkurven der Beschleunigung. Diese Kurven können aus der Geschwindigkeit durch Multiplikation mit ω erhalten werden. Bei ihnen tritt entsprechend eine Erhöhung der kritischen Frequenz gegenüber ω_0 auf. Auf eine Wiedergabe sei verzichtet.

d) Die Resonanzkurven der Leistung. Von Wichtigkeit ist besonders die Abhängigkeit der Leistung, die zur Aufrechterhaltung der Schwingungen zugeführt werden muß. Die in einem bestimmten Augenblick vorhandene Geschwindigkeit v sei

$$v = V \sin \omega t\,,$$

und die in diesem Augenblick herrschende Erregerkraft mit der Phasenverschiebung φ sei entsprechend

$$p = P \sin(\omega t + \varphi)\,,$$

---

[1] Siehe Literatur.

[2] In einem elektrischen Schwingungskreis, dessen Selbstinduktion L, dessen Kapazität C und dessen Ohmscher Widerstand W ist, erreicht dagegen bei Anlegen einer Wechselspannung konstanter Amplitude die Stromstärke ihr Maximum genau bei der kritischen Eigenfrequenz $\omega_0 = \sqrt{\frac{1}{CL}}$. Auf diesen Unterschied hat M. Wien aufmerksam gemacht. [Wied. Annalen Bd. 58 (1896) S. 725.]

In der Literatur finden sich seitdem häufig Bemerkungen, etwa in der Fassung: „daß an elektrischen Schwingungskreisen die Resonanz genau bei der Frequenz ω_0, also bei der Eigenfrequenz des Systems für verschwindend kleinen Widerstand, eintritt, während bei mechanischen Schwingungssystemen die Resonanz nicht bei dieser Frequenz, sondern tiefer liege".

Dieser Gegensatz ist in Wirklichkeit jedoch nicht vorhanden. Er wird lediglich dadurch konstruiert, daß zwei ganz verschiedene Schwingungsgrößen, nämlich die elektrische Stromstärke und der mechanische Ausschlag miteinander verglichen werden. Die bei mechanischen Systemen maßgebende Grundgröße, nämlich die Geschwindigkeit, erreicht, wie wir gesehen haben, ebenso wie die Stromstärke ihren Höchstwert genau bei der kritischen Frequenz ω_0. Umgekehrt wird bei elektrischen Systemen der Höchstwert der Spannung am Kondensator, wie die entsprechende Amplitudenresonanz, nicht bei der kritischen Frequenz ω_0, sondern etwas tiefer erreicht. Wenn demnach entsprechende Schwingungsgrößen miteinander verglichen werden, so ergibt sich ein völlig gleichartiges Verhalten bei elektrischen und mechanischen Schwingungssystemen.

dann ist der Momentanwert der Leistung

$$p\,v = P\,V \sin \omega t \sin(\omega t + \varphi).$$

Nach einer trigonometrischen Formel ergibt sich hieraus

$$p\,v = \tfrac{1}{2} P\,V\,[\cos\varphi - \cos(2\,\omega t + \varphi)]. \tag{16}$$

Die Leistung pendelt also mit der doppelten Frequenz $2\,\omega$ um den Mittelwert

$$L = \tfrac{1}{2} P\,V \cos\varphi.\,* \tag{17}$$

Der Augenblickswert der Leistung kann hierbei zeitweise negativ werden, so daß also zu gewissen Zeiten Arbeit aus dem Schwingungssystem in den Erreger zurückgeliefert wird. Nur wenn $\varphi = 0$ wird, ist die Leistung in jedem Augenblick positiv, so daß beständig Arbeit in das Schwingungssystem hineinwandert.

Die Leistung L (17) kann entweder in Abhängigkeit von der erregenden Kraft P oder aber der Geschwindigkeit V ausgedrückt werden gemäß

$$L = \frac{1}{2}\frac{P^2}{r}\cos^2\varphi, \qquad L = \frac{1}{2} r V^2 \tag{18}$$

mit den beiden Höchstwerten

$$L_{\max} = \frac{1}{2}\frac{P^2}{r}, \qquad L_{\max} = \frac{1}{2} r V_{\max}^2. \tag{19}$$

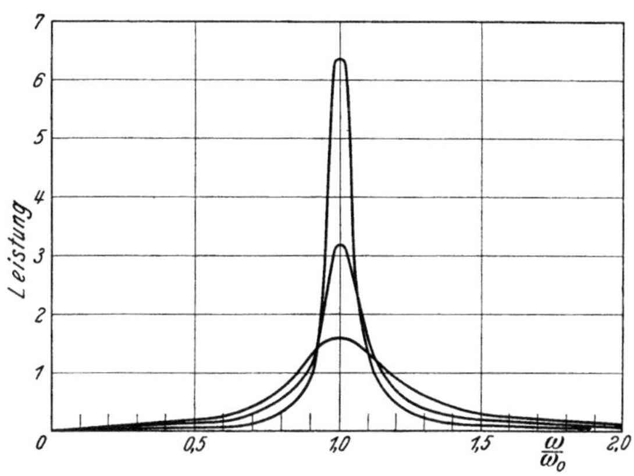

Abb. 12. Resonanzkurven der Leistung.

Den Diagrammen 7, 8, 9 kann die jeweilige Leistung in einfacher Weise entnommen werden. Der Betrag $V\cos\varphi$ ist die auf die Richtung der Kraft projizierte Geschwindigkeitskomponente. Diese Geschwindigkeitskomponente mit der halben Erregerkraft multipliziert ergibt die jeweilige Leistung, die in Abb. 12 aufgetragen ist.

Die Resonanzkurven der Leistung steigen von Null an, erreichen unabhängig von der Größe der Dämpfung ihren jeweiligen Höchstwert bei der Frequenz ω_0, und sinken hierauf wieder auf Null ab. Bemerkenswert hierbei ist, daß im Gegensatz zu Geschwindigkeit, Ausschlag und Beschleunigung die Resonanzkurven der Leistung sich überschneiden.

* Die entsprechende Formel der Elektrotechnik lautet: $L = E\,J\cos\varphi$. Hier fehlt der Faktor $\frac{1}{2}$, weil die elektrischen Meßinstrumente nicht die Höchstwerte von Spannung und Strom, sondern die Effektivwerte $E = \frac{E_{\max}}{\sqrt{2}}$ und $J = \frac{J_{\max}}{\sqrt{2}}$ liefern.

Weit außerhalb der Resonanz besitzt die flachere Kurve mit der größeren Reibung die größeren Leistungswerte.

e) Weitere Resonanzkurven. Multipliziert man Geschwindigkeit, Ausschlag oder Beschleunigung mit dem Reibungswiderstand, der Federkonstanten bzw. der Masse, so ergeben sich die jeweiligen Kräfte. Man erhält demnach die Resonanzkurven der Reibungskraft, der Federkraft und der Trägheitskraft durch Multiplikation mit den entsprechenden Werten. Diese Resonanzkurven der Einzelkräfte zeigen den gleichen Verlauf wie diejenigen der entsprechenden Schwingungsgrößen.

Ebenso können die Resonanzkurven der verschiedenen Energieformen gezeichnet werden.

Die Resonanzkurve der Reibungsleistung $\frac{1}{2}\frac{P^2}{r}\cos^2\varphi$ ist schon in Abb. 12 wiedergegeben worden.

Die in der gespannten Federung aufgespeicherte Energie berechnet sich zu

$$E_{pot} = \int_0^a P\,da\,,$$

wo

$$P = c \cdot a$$

ist. Somit

$$E_{pot} = \int_0^a c\,a \cdot d\,a = \tfrac{1}{2} c\,a^2\,. \tag{20}$$

Trägt man daher das Quadrat der Amplitude mit $\frac{c}{2}$ multipliziert auf, so erhält man die Resonanzkurve der in der Feder jeweils aufgespeicherten potentiellen Energie.

Die kinetische Energie berechnet sich zu

$$E_{kin} = \tfrac{1}{2} m \cdot v^2\,, \tag{21}$$

woraus sich ohne weiteres die Konstruktion der Resonanzkurve der kinetischen Energie ergibt.

§ 6. Die Dämpfung.

a) Allgemeines. In den drei gezeichneten Diagrammen 7, 8, 9, und in den hieraus abgeleiteten Resonanzkurven wurde unter sonst gleichbleibenden Bedingungen eine schrittweise Vergrößerung des Reibungswiderstandes r im Verhältnis von 1 : 2 : 4 angenommen. Die Größe dieses Reibungswiderstandes beeinflußt, wie ersichtlich, das Verhalten eines Schwingungssystems sehr stark. Mit zunehmendem Reibungswiderstand wird die auffallendste Eigenschaft, nämlich die Erhöhung der dynamischen Werte in Resonanznähe immer mehr abgeschwächt. Umgekehrt werden bei kleiner werdendem Reibungswiderstand Ausschlag, Geschwindigkeit und Beschleunigung in Resonanznähe zu immer größeren Werten aufgeschaukelt, und diese Aufschaukelung kann für verschwindenden Reibungswiderstand theoretisch unendlich hohe Werte annehmen. Ein Schwingungssystem stellt somit einen Energiespeicher dar, der bei Abwesenheit von Reibungsverlusten durch eine genügend lang wiederholte periodische Zufuhr von kleinen Energiebeträgen zu sehr hohen Ausschlägen „aufgeladen" werden kann.

Wird dagegen die Energiezufuhr eines Schwingungssystems abgestellt, so würde dieses bei Abwesenheit von Reibungsverlusten mit gleichbleibender Amplitude weiterschwingen. Die stets vorhandene Reibung jedoch bedingt für jeden Schwingungszyklus einen bestimmten Energieverlust, so daß die Amplitude des schwingenden Systems unter Verzehrung der ursprünglich vorhandenen Energie allmählich abnimmt, bis der „Energiespeicher sich entladen" hat und die Schwingungen zur Ruhe gekommen sind. Diese Entladung ist offensichtlich abhängig von der Größe der Reibungsverluste im Vergleich zu der aufgespeicherten Energie.

Zur allgemeinen Kennzeichnung dieses Verhaltens wurde das Wort „Dämpfung" gewählt. Man sagt, ein Schwingungssystem ist stark gedämpft, wenn bei seiner Verformung beträchtliche Reibungsverluste entstehen, so daß bei Fremderregung nur eine verhältnismäßig geringe Resonanzschaukelung sich zeigt oder bei einem einmaligen Anstoß das Schwingungssystem schnell wieder zur Ruhe kommt. Bei der Bedeutung, die der Dämpfung zur Beurteilung des Verhaltens eines technischen Gebildes im praktischen Betrieb zukommt, muß zu deren Kennzeichnung eine möglichst einfache und anschauliche Kennzahl gewählt werden.

b) Ableitung der üblichen Dämpfungswerte. Die in der Literatur übliche Ableitung der Kennwerte für die Dämpfung knüpft an den Ausschwingvorgang an. Einem Schwingungssystem werde durch einen einmaligen Anstoß eine Anfangsamplitude A_0 erteilt und hierauf sich selbst überlassen. Die Amplitude nach der Zeit t berechnet sich dann unter der Annahme einer mit der Geschwindigkeit linear anwachsenden Reibungskraft zu

$$a = A_0\, e^{-\frac{r}{2m} t} \sin \omega t\,. \tag{22}$$

Für das Verhältnis zweier um eine ganze Schwingungsperiode von der Zeitdauer T auseinanderliegender Scheitelwerte findet sich

$$\frac{A_1}{A_2} = \frac{A_0\, e^{-\frac{r}{2m} t} \sin \omega t}{A_0\, e^{-\frac{r}{2m}(t+T)} \sin \omega t} = e^{\frac{r}{2m} T}, \tag{23}$$

worin für Schwingungszeit T zu setzen ist

$$T = \frac{2\pi}{\sqrt{\omega_0^2 - \left(\frac{r}{2m}\right)^2}}. \tag{24}$$

Der Ausdruck

$$\frac{r}{2m} = \delta\,, \tag{25}$$

der in gleicher Weise auch bei der Lösung der Differentialgleichung erzwungener Schwingungen eine Rolle spielt, führt den Namen „Dämpfungsziffer" oder auch „Dämpfungsmodul"[1], während der Ausdruck

$$\log \text{nat} \frac{A_1}{A_2} = \delta T = \vartheta \tag{26}$$

als logarithmisches Dekrement der Dämpfung bezeichnet wird[2].

Gegen diese in Physik und Elektrotechnik üblichen Kennwerte der Dämpfung müssen eine Reihe von Bedenken geltend gemacht werden. Dies um so mehr, als der Begriff der Dämpfung für viele Fachgebiete der Technik in steigendem Maße von Wichtigkeit zu werden beginnt, so daß von vornherein unter Vermeidung der Mängel der üblichen Kennwerte eine möglichst günstig gewählte Kennziffer aufzustellen ist.

Zunächst fällt auf, daß die Kennwerte des Dämpfungsmoduls und des logarithmischen Dekrements der Dämpfung aus dem Verhalten eines frei ausschwingenden Systems abgeleitet werden. In der Technik hat man es jedoch vorwiegend mit erzwungenen und nicht mit abklingenden Schwingungen zu tun, so daß die Bedeutung dieser Kennziffern für erzwungene Schwingungen nicht ohne weiteres ersichtlich ist. Diese Beziehung zum Ausschwingvorgang kommt besonders in der Definition des logarithmischen Dekrements der Dämpfung zum Ausdruck, da dieses von der Zeit T, innerhalb welcher beim Ausschwingen eine volle Schwingung ausgeführt wird, abhängig ist. Diese Schwingungszeit T ist gemäß der Formel (24) ihrerseits abhängig von dem Reibungswiderstand und nimmt für hohe Reibungswiderstände sehr stark zu. Wenn in Formel (24)

$$\omega_0 = \frac{r}{2m} \quad \text{oder} \quad r = 2\omega_0 m$$

wird, so wird T unendlich groß[3]. Damit wird auch das Dekrement unendlich groß, so daß jede Übersichtlichkeit verlorengeht.

Die Schwingungszeit T der abklingenden Schwingungen, die kein unmittelbares Interesse für die erzwungenen Schwingungen besitzt, be-

[1] Diese Bezeichnung ist nicht sehr glücklich gewählt, da es sich keineswegs um eine Ziffer oder einen Modul, sondern um eine benannte Zahl, nämlich eine Winkelgeschwindigkeit handelt.

[2] Zur Berechnung des logarithmischen Dekrements der Dämpfung ist es in manchen Fällen vorteilhaft, dieses als Quotienten zweier Arbeitswerte darzustellen. Da die potentielle Energie E eines Schwingungssystems proportional mit A^2 ist, erhält man für das Verhältnis

$$\frac{E_1 - E_2}{E_1} = \frac{\Delta E}{E_1} = \frac{A_1^2 - A_2^2}{A_1^2} = 1 - \frac{A_2^2}{A_1^2} = 1 - e^{-2\vartheta}.$$

Da aber für kleine Werte der Dämpfung

$$e^{-2\vartheta} = 1 - 2\vartheta$$

gesetzt werden kann, ergibt sich das logarithmische Dekrement der Dämpfung als halber Quotient aus der pro Schwingungszyklus im Reibungswiderstand verbrauchten Energie zur Gesamtenergie.

[3] Dieser Grenzfall wird als „aperiodisch" bezeichnet, denn in diesem Fall kehrt das Schwingungssystem kriechend nach einem Anstoß in die Ruhelage zurück, um theoretisch erst nach unendlich langer Zeit die Ausgangsstellung wieder zu erreichen.

stimmt daher für stärkere Dämpfungen ausschlaggebend die Größe des Dekrements.

Besonders nachteilig wirkt sich dies aus bei der praktischen Ermittlung der Dämpfung aus Messungen an erzwungenen Schwingungen. Solange die Reibung klein bleibt, solange die Eigenschwingungszeit T mit genügender Genauigkeit der Eigenschwingungszeit T_0 im ungedämpften Zustand gleichgesetzt werden kann, sind die Verhältnisse leicht zu übersehen. Für größere Dämpfungen wird jedoch der Zusammenhang unübersichtlich. Es ist daher unzweckmäßig, aus Messungen an erzwungenen Schwingungen eine Kennziffer der Dämpfung entnehmen zu wollen, die sich aus der Betrachtung abklingender Schwingungen ergibt. Von einer brauchbaren Kennziffer für die Dämpfung muß verlangt werden, daß sie sich unmittelbar möglichst anschaulich aus dem Vorgang der erzwungenen Schwingungen ableiten läßt[1].

Um zu vermeiden, daß die Kennziffer für die Dämpfung die ganze Zahlenreihe durchläuft und für große Reibungswiderstände sehr hohe Werte annimmt, um schließlich für den praktisch sehr wohl möglichen aperiodischen Grenzfall unendlich groß zu werden, setzt Lehr[2] den Ausdruck

$$\frac{r}{2\,m\,\omega_0} = D$$

und nennt ihn schlechtweg „die Dämpfung“. Nunmehr ist für den aperiodischen Grenzfall $D = 1$, so daß die Kennzahlen für die Dämpfung technischer Systeme im wesentlichen zwischen 0 und 1 liegen. Damit ist der oben genannte Einwand beseitigt, ohne daß jedoch mit dieser rein formalen Festsetzung eines ebenfalls aus der mathematischen Ableitung abklingender Schwingungen gewonnenen Ausdrucks dessen Bedeutung für den Vorgang der erzwungenen Schwingungen ohne weiteres ersichtlich ist.

c) Der Dämpfungswinkel. Wesentlich anschaulicher und für die meßtechnische Erfassung fruchtbarer ist die Ableitung von Kennwerten für die Dämpfung aus der vektoriellen Darstellung nach Abb. 6[3].

Aus den Diagrammen 7, 8, 9 erkennt man, daß das Verhältnis des Reibungswiderstandes r zu einem passend gewählten wattlosen Widerstand ausschlaggebend ist. Der Einfachheit halber wird man nicht einen beliebigen Widerstand zugrunde legen, sondern man wird den besonderen wattlosen Widerstand der Federung oder auch der Trägheit wählen, der im Falle der Resonanz bzw. bei der kritischen Frequenz ω_0 vorhanden ist. Wir führen deshalb zur Kennzeichnung der Dämpfung das Verhältnis

$$Z = \frac{r}{\omega_0\,m}$$

---

[1] Da das logarithmische Dekrement der Dämpfung in den Formeln der Schwingungstechnik sehr häufig in der Form $\frac{\vartheta}{\pi}$ auftritt, schlägt Riegger: Wiss. Veröff. Siemens-Konz. Bd. 3 (1923) S. 190 vor, diese Größe unmittelbar als Dämpfung schlechthin zu bezeichnen. Damit sind natürlich die grundsätzlichen Bedenken nicht ausgeräumt.

[2] Lehr, E.: Schwingungstechnik Bd. 1 S. 240.

[3] Späth, W.: Arch. Elektrotechn. Bd. XXVIII (1934) S. 257.

ein. Da

$$\omega_0 m = \frac{c}{\omega_0}$$

ist, so kann auch geschrieben werden

$$Z = \frac{r}{c/\omega_0}.$$

oder auch

$$Z = \frac{r}{\sqrt{c m}}.$$

Die geometrische Bedeutung dieses Quotienten Z geht unmittelbar aus Abb. 6 hervor. Er stellt nichts anderes dar als den Tangens des Winkels ε, den die Strahlen OS_x und OS_y mit der Abszissenachse einschließen. Die Punkte S_x und S_y sind durch die Bedingung gegeben, daß

$$A S_x = A S_y = \omega m - \frac{c}{\omega} = \omega_0 m = \frac{c}{\omega_0} = \sqrt{c m}.$$

Die Beziehungen für den Quotienten Z lassen sich daher wie folgt zusammenstellen

$$\boldsymbol{Z = \operatorname{tg} \varepsilon = \frac{r}{\omega_0 m} = \frac{r}{c/\omega_0} = \frac{r}{\sqrt{c m}}}. \tag{27}$$

Dieser nach Gl. 27 definierte Quotient Z sei als Kennwert für die Dämpfung vorgeschlagen und werde auf seine Brauchbarkeit hin erprobt. Er möge als „Dämpfung“ schlechtweg bezeichnet werden, während dem Winkel ε der Name „Dämpfungswinkel“ gegeben werde.

Dieser zur Kennzeichnung der Dämpfung eines mechanischen Schwingungssystems[1] eingeführte Dämpfungswinkel, bzw. dessen Tangens, dürfte allen Anforderungen gerecht werden. Er ergibt sich ohne weiteres aus den Verhältnissen an erzwungenen Schwingungen, seine Bedeutung ist für die geometrische Vorstellung leicht erfaßbar. Vor allen Dingen leiten sich aber aus dem Dämpfungswinkel völlig zwanglos die verschiedenen Wege ab, die zur meßtechnischen Ermittlung der Dämpfung eines Schwingungssystems beschritten werden können.

Solange man die Ausschwingzeit T mit der Ausschwingzeit T_0 für das dämpfungsfreie System gleichsetzen kann, solange also

$$T = T_0 = \frac{2\pi}{\omega_0},$$

ergibt sich ein einfacher Zusammenhang zwischen dem Dämpfungswinkel und den anderen Dämpfungsgrößen. Das logarithmische Dekrement der Dämpfung z. B. wurde definiert als

$$\vartheta = \frac{r}{2m} T,$$

---

[1] Der Dämpfungswinkel behält seine anschauliche Bedeutung z. B. auch für die rein zwangläufige periodische Verformung von Werkstoffen bei. In der Werkstoffprüfung gibt er daher ein anschauliches Maß für die innere Dämpfung des Werkstoffes ab. Vgl. W. Späth: Messung und Kennzeichnung der inneren Arbeitsaufnahme von Werkstoffen. Arch. Eisenhüttenwes. Bd. 5 (1931) S. 587. Ebenso sind zwangläufig verformte Schwingungssysteme nach Abb. 3 durch den Dämpfungswinkel zu kennzeichnen.

woraus folgt

$$\vartheta = \frac{r}{\omega_0 m} \pi ,$$

also

$$\boldsymbol{\vartheta = \pi \operatorname{tg} \varepsilon = \pi Z}. \tag{28}$$

Das πfache des Tangens des Dämpfungswinkels ergibt demnach für kleine Dämpfungswerte das logarithmische Dekrement der Dämpfung. Sobald jedoch mit zunehmender Dämpfung die Ausschwingzeit T von der Zeit T_0 für das dämpfungsfreie System abweicht, ist diese Beziehung nicht mehr anwendbar und die Zusammenhänge werden sehr unübersichtlich[1].

d) Theoretisches zur Messung der Dämpfung. In diesem Abschnitt werden die theoretischen Grundlagen derartiger Dämpfungsmessungen besprochen, während in § 16 auf die praktische Durchführung näher eingegangen wird.

Man erkennt sofort, daß zwei ganz bestimmte Frequenzen der erregenden Kraft vorhanden sind, für welche das Schwingungssystem eine Differenz der wattlosen Widerstände $\omega m - \frac{c}{\omega}$ aufweist, die gerade dem wattlosen Einzelwiderstand in Resonanz, also $\omega_0 m$ oder $\frac{c}{\omega_0}$ gleich ist. Diese ausgezeichneten Frequenzen berechnen sich aus dem Ansatz

$$\omega_0 m = \omega m - \frac{c}{\omega}$$

zu

$$\omega = \frac{\omega_0}{2} (1 \pm 2{,}24),$$

$$\omega_x = 0{,}62\, \omega_0 , \quad \omega_y = 1{,}62\, \omega_0 . \tag{29}$$

Mißt man demnach mit einer passenden Einrichtung die Phasenverschiebung zwischen erregender Kraft und erzeugter Schwingungsgröße bei den beiden so definierten Frequenzen ω_x und ω_y, so wird ohne weiteres der Dämpfungswinkel erhalten, denn in den beiden ausgezeichneten Fällen ist die Phasenverschiebung der beiden Strahlen $O P_x$ und $O P_y$ gegen die Abszissenachse

$$\varphi = \operatorname{arc} \operatorname{tg} \frac{r}{\omega_0 m} = \varepsilon .$$

Eine weitere Beziehung, die ebenfalls der Abb. 6 zu entnehmen ist, besagt, daß der Phasenwinkel zwischen Kraft und Geschwindigkeit 45^0 beträgt, wenn die Differenz der wattlosen Widerstände gerade dem Reibungswiderstand r gleich ist, wenn also

$$\omega m - \frac{c}{\omega} = r .$$

Der Gesamtwiderstand des Schwingungssystems berechnet sich für diese besondere Frequenz zu

$$R = \sqrt{\left(\omega m - \frac{c}{\omega}\right)^2 + r^2} = r \sqrt{2} .$$

[1] In den weiteren Ausführungen und ausgerechneten Beispielen wird neben dem Dämpfungswinkel und dessen Tangens zum Vergleich auch das logarithmische Dekrement der Dämpfung angegeben, wie es sich aus der Formel (28) berechnet.

Die Geschwindigkeit beträgt demnach für diese Frequenz das $\frac{1}{\sqrt{2}}$fache der Höchstgeschwindigkeit in der Resonanz. Bestimmt man also diejenige Frequenz, für welche die sich zeigende Geschwindigkeit auf das $\frac{1}{\sqrt{2}}$fache der Resonanzgeschwindigkeit sinkt, bzw. bei welcher eine Phasenverschiebung von 45° zwischen erregender Kraft und Geschwindigkeit bzw. Ausschlag herrscht, so gilt für diese Frequenz

$$\omega m - \frac{c}{\omega} = r$$

oder

$$\frac{\omega}{\omega_0} - \frac{\omega_0}{\omega} = \frac{r}{\omega_0 m},$$

$$\frac{\omega^2 - \omega_0^2}{\omega_0 \omega} = \frac{r}{\omega_0 m} = Z.$$

Der Genauigkeit wegen ist es vorteilhaft, auf beiden Seiten der Resonanzkurve zu messen, also die beiden Frequenzen zu bestimmen, für welche links und rechts der Resonanzspitze die Geschwindigkeit das $\frac{1}{\sqrt{2}}$fache der Resonanzgeschwindigkeit ist. Diese beiden Frequenzen seien mit ω_1 und ω_2 bezeichnet, dann gilt

$$\omega_1^2 - \omega_0^2 = Z \cdot \omega_0 \omega_1$$

$$-\omega_2^2 + \omega_0^2 = Z \cdot \omega_0 \omega_2$$

und hieraus

$$\omega_1 - \omega_2 = Z \cdot \omega_0 .$$

Da man bei praktischen Messungen meist nicht die Winkelfrequenzen ω_1 und ω_2 bestimmt, sondern lediglich am Umdrehungszähler die entsprechenden Drehzahlen des Schwingers abliest, ergibt sich nach Division durch 2π

$$n_1 - n_2 = Z \cdot n_0$$

oder wenn

$$n_1 - n_2 = \Delta n ,$$

so ist

$$Z = \frac{\Delta n}{n_0} \tag{30}$$

und für kleine Werte der Dämpfung das logarithmische Dekrement der Dämpfung

$$\vartheta = \pi \frac{\Delta n}{n_0} . \tag{31}$$

Ähnlich wie die Geschwindigkeit läßt sich auch die Schwingungsleistung benutzen, um die kritischen Frequenzen ω_1 und ω_2 zu bestimmen. Da die Schwingungsleistung dem Quadrat der Geschwindigkeit proportional ist, lassen sich die entsprechenden Frequenzen auch entnehmen aus den Werten der Frequenz, für welche die Leistung das $\left(\frac{1}{\sqrt{2}}\right)^2$ fache, also die Hälfte der Resonanzleistung beträgt. Vgl. § 16.

e) **Die Aufschaukelzeit.** Wenn ein Schwingungssystem durch eine periodische Kraft erregt wird, so zeigt das System nicht unmittelbar nach dem Aufbringen der Kraft die entsprechende Schwingungsamplitude, nur allmählich erfolgt eine Aufschaukelung des Systems unter ständiger Vergrößerung des Schwingungsausschlages, der sich asymptotisch dem endgültigen Wert nähert. Ebenso nimmt nach einer Änderung der Frequenz der erregenden Kraft das System nicht unmittelbar die neue Frequenz an, sondern es treten Interferenzerscheinungen zwischen der ursprünglichen Frequenz und der neuen Frequenz ein[1], nach deren Abklingen nur noch die neue Frequenz vorhanden ist.

Die Schnelligkeit, mit der diese Ausgleichsvorgänge sich abspielen, ist im wesentlichen abhängig von der Größe der Dämpfung, wobei die Annäherung an den stationären Schwingungszustand um so schneller erfolgt, je größer die verschiedenen Dämpfungswerte sind. Strenggenommen wird dieser Endzustand erst nach unendlich langer Zeit erreicht. Um jedoch eine anschauliche Zahl zu gewinnen, kann man als Aufschaukelzeit etwa die Zeit bestimmen, innerhalb welcher der Ausschlag sich bis auf 10% seinem Endwert genähert hat.

Aus Gl. (22) folgt für diese Annahme

$$a = A(1 - e^{-\delta t}) = \tfrac{9}{10} A\,,$$
$$\delta t = \log\text{nat}\, 10 = 2{,}3\,.$$

Andererseits ist nach Gl. (26)

$$\delta = \frac{\vartheta}{T} = \vartheta \cdot n\,.$$

Die Amplitude hat demnach $^9/_{10}$ ihres Endwertes erreicht nach

$$\left.\begin{aligned} t &= \frac{2{,}3}{\vartheta \cdot n} = \frac{0{,}73}{Z \cdot n}\ \text{sec} \\ \text{oder nach} \qquad & \\ p &= \frac{2{,}3}{\vartheta} = \frac{0{,}73}{Z}\ \text{Perioden}\,. \end{aligned}\right\} \tag{32}$$

f) **Der Vergrößerungsfaktor.** Aus der Größe der Dämpfung läßt sich eine sehr anschauliche Kennziffer für das Verhalten eines Schwingungssystems gewinnen. Für die Frequenz ω_0 errechnet sich der Ausschlag nach Formel (10) zu

$$A = \frac{P}{\omega_0 r}\,,$$

oder

$$A = \frac{P}{c} \cdot \frac{1}{\dfrac{\omega_0 r}{c}} = A_{stat} \cdot \frac{1}{\dfrac{r}{c/\omega_0}}\,.$$

Da nach Formel (27) und (28) aber

$$Z = \frac{r}{c/\omega_0} = \frac{\vartheta}{\pi}\,,$$

[1] Auch Interferenzerscheinungen lassen sich sehr einfach durch Vektordiagramme darstellen, vgl. W. Späth: Z. techn. Physik 1931 S. 121.

so läßt sich auch schreiben

$$A = A_{stat}\,\frac{1}{Z} = A_{stat}\,\frac{\pi}{\vartheta} = A_{stat}\cdot F. \tag{33}$$

Solange also die Frequenz ω_0 mit der Resonanzfrequenz der erzwungenen Schwingungen gleichgesetzt werden kann, was für viele technische Systeme mit genügender Genauigkeit zutrifft, gibt der Ausdruck

$$F = \frac{1}{Z} = \frac{\pi}{\vartheta} \tag{34}$$

die maximale Vergrößerung der Amplitude durch die Resonanzwirkung gegenüber dem durch die statische Kraft gleicher Größe erzeugten Ausschlag an. Aus diesem Grund wird der Ausdruck F auch als Vergrößerungsfaktor bezeichnet. Aus Abb. 6 hätte diese Beziehung auch unmittelbar abgelesen werden können.

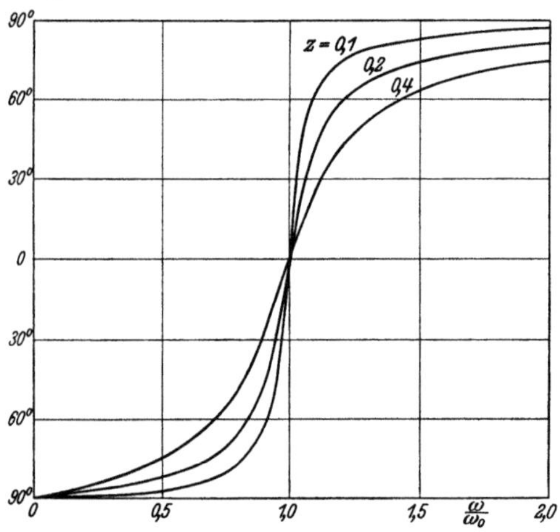

Abb. 13. Verlauf der Phase in Abhängigkeit von $\frac{\omega}{\omega_0}$.

g) Die Phase. Von der Größe der Dämpfung hängt ferner der Verlauf der Phasenverhältnisse in einem Schwingungssystem ab. Die Phasenverschiebung zwischen erregender Kraft und Geschwindigkeit bzw. Amplitude ist ohne weiteres der Abb. 6 bzw. den Diagrammen Abb. 7, 8, 9 zu entnehmen. Sie ist bestimmt durch den Winkel φ, den der Vektor der Kraft mit dem Vektor der entsprechenden Schwingungsgrößen bildet. Auch bezüglich der Phase bildet die kritische Frequenz ω_0 eine sehr ausgeprägte Scheidung. An Hand der Abb. 6 erkennt man, daß bis zu dieser Frequenz ω_0 die Differenz der wattlosen Kräfte $\omega m - \frac{c}{\omega}$ nach links zeigt, während nach Überschreitung von ω_0 ein Umklappen des wattlosen Vektors um 180° eintritt. Dieser Richtungssprung der Phase von 180° wird mehr oder weniger gemildert durch den Einfluß des Reibungswiderstandes. In Abb. 13 ist die Abhängigkeit der Phase dargestellt, wie sie sich aus den Diagrammen 7, 8, 9 ergibt. Als Abszisse ist hierbei das Frequenzverhältnis $\frac{\omega}{\omega_0}$ aufgetragen, während die Ordinaten die entsprechenden Phasenverschiebungen in Winkelgraden bedeuten.

Es ergibt sich, daß zwischen erregender Kraft und Geschwindigkeit für sehr kleine Frequenzen eine Phasenverschiebung von annähernd 90° vorhanden ist, die mit steigender Frequenz zuerst langsam, dann immer schneller sich vermindert. Für die kritische Frequenz ω_0 gehen also die drei Kurven durch Null, um bei weiterer Steigerung der Frequenz wieder anzusteigen und schließlich 90^0 auf der anderen Seite zuzustreben. Je größer die Dämpfung des Systems ist, desto flacher wird der Phasensprung in der Nähe der kritischen Frequenz. Dieselben Kurven gelten auch für die Phasenverschiebung zwischen erregender Kraft und Amplitude, nur mit dem Unterschiede, daß für kleine Frequenzen die Phasenverschiebung von Null an zählt, dann in ähnlicher Weise ansteigt, um bei der kritischen Frequenz ω_0 den Wert von 90^0 zu erreichen. Bei weiterer Steigerung der Frequenz nähert sich die Phase allmählich 180^0.

Besonders hervorzuheben ist, daß die ausgezeichneten Phasenverschiebungen von 0 bzw. 90^0 für die kritische Frequenz ω_0 erreicht werden. Da die Höchstwerte der Schwingungsgrößen meist nicht genau bei dieser Frequenz liegen, weicht also beim Erreichen dieser Höchstwerte die Phasenverschiebung von diesen ausgezeichneten Werten etwas ab.

h) Die Dämpfungswerte technischer Schwingungssysteme. Die in den drei Diagrammen Abb. 7, 8 und 9 und den hieraus abgeleiteten Resonanzkurven Abb. 10, 11 und 12, sowie in dem Phasendiagramm Abb. 13 angenommenen Dämpfungswerte sind so gewählt, daß sie eine ungefähre Einteilung der in der Technik vorkommenden Schwingungssysteme ergeben.

Diese Einteilung kann natürlich nur einen ungefähren Überblick liefern. Im einzelnen Fall können die Dämpfungswerte nach oben oder unten mehr oder weniger stark abweichen. Immerhin dürfte die in nachstehender Tabelle gegebene Darstellung zur Veranschaulichung der Verhältnisse von Nutzen sein. Nach der Zusammenstellung der verschiedenen Dämpfungskennwerte, wie Dämpfungswinkel, Tangens des Dämpfungswinkels, logarithmisches Dekrement der Dämpfung, Vergrößerungsfaktor, Anzahl der Perioden bis zur Aufschaukelung werden für die drei Gruppen jeweils einige Beispiele aus der Technik genannt.

Diagramme	Dämpfungswinkel ε	Tangens des Dämpfungswinkels $Z = \operatorname{tg} \varepsilon$	logarithmisches Dekrement der Dämpfung $\vartheta = \pi \operatorname{tg} \varepsilon$	Vergrößerungsfaktor $F = \operatorname{ctg} \varepsilon$	Aufschaukelzeit in Perioden	Beispiele aus der Technik
Abb. 7	$5{,}7^0$	0,1	0,31	10	7,3	Brücken, Maschinenteile, Decken, Wände, Türme, Schiffsdecks, Masten, Flugzeugteile
Abb. 8	$11{,}3^0$	0,2	0,62	5	3,7	Fundamente, Bettungen, Gebäude, Fahrzeugfederungen, Fahrbahnen, Wehre
Abb. 9	$21{,}8^0$	0,4	1,25	2,5	1,8	Schiffe, gewisse Bodenarten

§ 7. Die Resonanzkurven bei veränderlicher Erregerkraft.

a) Allgemeines. Die bisherigen Betrachtungen bezogen sich auf di Zusammenhänge in mechanischen Schwingungssystemen unter der Voı aussetzung, daß der Höchstwert der periodischen Erregerkraft unał hängig von der jeweiligen Erregerfrequenz konstant bleibt. Diese Voı aussetzung ist nötig, um die Gesetze der Resonanzwirkung unbeschweı von besonderen Einflüssen, die zunächst nichts mit der eigentliche Resonanzwirkung zu tun haben, darzustellen.

Je nach der Art der Erregerkräfte ist in der Praxis eine Änderun der Frequenz im allgemeinen mit einer Änderung des Höchstwertes de erregenden Kraft verbunden. Meist kommt hierfür eine quadratisch Zunahme der Erregerkraft mit der Frequenz in Frage. So nimmt di Zentrifugalkraft der Schwingungsprüfmaschinen quadratisch mit de Umdrehungszahl zu, auch die meisten Schwingungserregungen de Technik an laufenden Maschinen lassen sich hier einreihen.

Bei der künstlichen Erregung von Schwingungssystemen kann natür lich angenommen werden, daß durch entsprechende Verstellung ein konstante Größe der Zentrifugalkraft unabhängig von der Umdrehungs zahl aufrechterhalten wird. Diese Nachregulierung würde jedoch di Aufnahme von Resonanzkurven sehr erschweren, so daß es bequeme ist, Messungen ohne Rücksicht auf die Zunahme der Erregerkraft durch zuführen und erst nachträglich, falls dies überhaupt nötig sein sollte auf konstante Erregerkraft umzurechnen, bzw. sich über den Einfluß der Veränderung Rechenschaft zu geben. Im übrigen folgen gerad aus der quadratischen Zunahme der Erregerkraft der Schwingungs prüfmaschinen besondere meßtechnische Vorzüge, auf die noch zurück zukommen ist.

Von vornherein läßt sich sagen, daß eine Veränderung der erregendeı Kraft mit der Frequenz bei Systemen mit kleiner Dämpfung keineı wesentlichen Einfluß auf die entsprechenden Resonanzkurven ausübeı kann, denn die Zunahme der Zentrifugalkraft in dem in Frage kommen den kleinen Frequenzintervall ist in diesem Fall zu vernachlässigen.

Der Einfachheit halber sei die bei der Frequenz ω_0 wirksame Kraf als Bezugskraft angenommen. Diese Kraft sei mit P_0 bezeichnet, danı ist die bei einer beliebigen Frequenz ω wirksame Kraft

$$P = P_0 \left(\frac{\omega}{\omega_0}\right)^2. \qquad (35$$

Wird dieser Wert für die erregende Kraft in die entsprechenden Formelı eingesetzt, so ergeben sich die jeweiligen Resonanzkurven.

b) Die Resonanzkurven der Geschwindigkeit. Die Resonanzkurveı der Geschwindigkeit für die drei Dämpfungswerte sind in Abb. 14 dar gestellt. Sie beginnen mit Null, steigen auf einen Höchstwert an, ur dann wieder abzufallen. Nach Erreichen eines niedrigsten Wertes stei gen sie wieder an, da nunmehr die quadratische Zunahme der Erreger kraft die Zunahme des Gesamtwiderstandes des Schwingungssystems überwiegt.

c) Die Resonanzkurven des Ausschlags. Die Resonanzkurven des Ausschlags beginnen gemäß Abb. 15 ebenfalls mit Null, steigen dann zu einem Höchstwert auf, um wieder abzufallen. Bei weiter gesteigerter Frequenz nähern sich die Amplitudenkurven asymptotisch einem ganz bestimmten Grenzwert, den alle drei Kurven für unendlich hohe Erregerfrequenz erreichen.

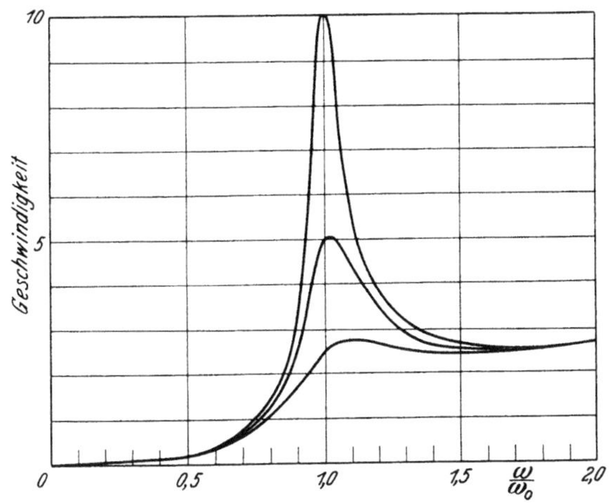

Abb. 14. Resonanzkurven der Geschwindigkeit für quadratisch mit der Frequenz zunehmende Erregerkraft.

Infolge des quadratischen Anstiegs der Erregerkraft werden die jeweiligen Höchstwerte der Amplitude erreicht für eine oberhalb ω_0 liegende Frequenz, die sich berechnet zu

$$\omega = \frac{\omega_0^2}{\sqrt{\omega_0^2 - 2\,\delta^2}}. \quad (36)$$

Der Höchstwert liegt demnach bei dem größten, den Betrachtungen zugrunde gelegten Dämpfungstangens von 0,4, um 4% höher als die Frequenz ω_0.

Der Grenzwert, dem alle Amplitudenkurven ohne Rücksicht auf die Größe der Dämpfung zustreben, berechnet sich zu

$$A_\infty = \frac{P_0}{\omega_0^2 m} = \frac{P_0}{c}. \quad (37)$$

Diese Formel liefert die Grundlage für besondere meßtechnische Auswertungen (§ 15, c).

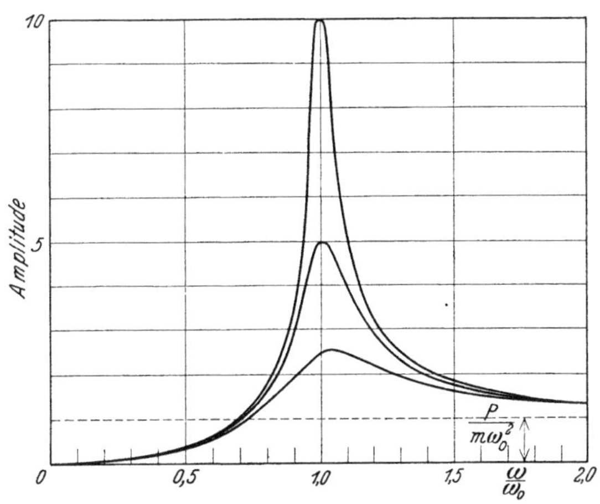

Abb. 15. Resonanzkurven des Ausschlags für quadratisch mit der Frequenz zunehmende Erregerkraft.

d) Die Resonanzkurven der Leistung. Die Resonanzkurven der Leistung ergeben sich aus der Formel (17), indem für die erregende Kraft der Wert $P_0 \left(\frac{\omega}{\omega_0}\right)^2$ eingesetzt wird. Die Kurven sind in Abb. 16 aufgetragen. Sie beginnen mit Null, steigen dann allmählich an und erreichen einen oberhalb der Eigenfrequenz ω_0 liegenden Höchstwert. Hierauf fallen die Kurven wieder ab, um nach Durchschreitung eines verhältnismäßig breiten Frequenzbereiches mit ungefähr gleichbleibender Höhe wieder anzusteigen. Der Anstieg kommt in Abb. 16 nur für die Kurve mit der größten Dämpfung deutlich zum Ausdruck.

Die kritischen Werte der Erregerfrequenz, für die die Leistung einen extremen Wert annimmt, bestimmen sich zu

$$\omega_{1,2} = \sqrt{2(\omega_0^2 - 2\delta^2) \pm \sqrt{4(\omega_0^2 - 2\delta^2)^2 - 3\omega_0^4}}\,. \tag{38}$$

Diese beiden Extremwerte sind reell, solange

$$4(\omega_0^2 - 2\delta^2)^2 - 3\omega_0^4 > 0\,.$$

Wird dagegen dieser Ausdruck gleich Null, so fallen die beiden reellen Werte zusammen, während für negative Werte des obigen Ausdruckes die Gleichung imaginäre Werte liefert.

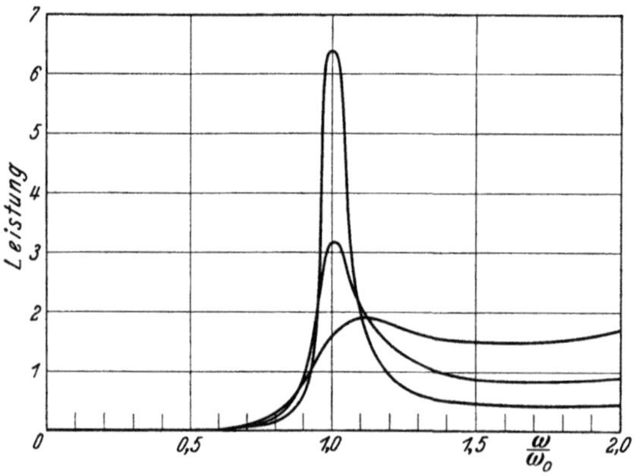

Abb. 16. Resonanzkurven der Leistung für quadratisch mit der Frequenz zunehmende Erregerkraft.

Übersichtlicher werden die Verhältnisse, wenn die Dämpfung zu Null angenommen wird, dann ist

$$\omega_1 = \omega_0$$

und

$$\omega_2 = \omega_0\sqrt{3}\,.$$

Das Maximum der Leistung wird in diesem Fall erreicht für die Frequenz ω_0, während das darauffolgende Tal an der tiefsten Stelle die Frequenz $\omega_0\sqrt{3}$ besitzt. Mit steigender Dämpfung rücken diese beiden kritischen Werte allmählich zusammen, d. h. das Maximum rückt nach höheren, das Minimum nach tieferen Frequenzen. Die beiden Werte der Frequenzgleichung erfüllen jeweils die beiden Gleichungen

$$\omega_1^2 + \omega_2^2 = 4(\omega_0^2 - 2\delta^2)$$

und

$$\omega_1^2\,\omega_2^2 = 3\omega_0^4\,.$$

Die Dämpfung, für welche die beiden kritischen Werte zusammenfallen, ergibt sich aus der Gleichung

$$4(\omega_0^2 - 2\delta^2)^2 = 3\omega_0^4\,.$$

Diese Bemerkungen mögen genügen, um den theoretischen Verlauf der Leistungskurve bei quadratisch zunehmender Erregerkraft in den Hauptmerkmalen zu übersehen[1].

§ 8. Anharmonische Schwingungen.

a) Allgemeines. Die bisherigen Betrachtungen hatten zur Voraussetzung, daß die drei Bestimmungsstücke eines Schwingungssystems

[1] Eingehendere Darstellung der Resonanzkurven der Leistung vgl. A. Hertwig: S. 85, Fußnote 1, a.

— die Federkonstante, die Masse und die Reibung — als Konstante aufzufassen sind, die unabhängig von dem jeweiligen Schwingungsverlauf sind. Diese Voraussetzung ermöglicht die Darstellung an Hand des beschriebenen Vektordiagramms durch einfache geometrische Addition der Einzelkräfte. Ebenso setzt die rechnerische Behandlung durch lineare Differentialgleichungen diese Konstanz der drei maßgebenden Größen voraus.

Die Erfahrung zeigt, daß in vielen Fällen diese Konstanz mit genügender Genauigkeit als erfüllt angesehen werden kann, insbesondere dann, wenn die erregenden Kräfte bzw. die erzeugten dynamischen Verformungen verhältnismäßig klein bleiben. In gewissen Fällen ist die Voraussetzung der Unveränderlichkeit der maßgebenden Kennwerte jedoch nicht mehr erfüllt, so daß mit steigender Verformung merkliche Änderungen dieser Kennwerte auftreten. Im Gegensatz zu den bisher betrachteten harmonischen Schwingungen werden die sich hierbei zeigenden Schwingungserscheinungen als „anharmonisch“ bezeichnet[1].

Sobald die Verformungen des Federgliedes eines Schwingungssystems eine bestimmte Grenze überschreiten, treten bekanntlich im Innern des Werkstoffs neue Erscheinungen auf, es macht sich insbesondere nach Überschreitung der Elastizitätsgrenze eine Abnahme der Federkonstanten bemerkbar. Bei einem aus verschiedenen Einzelteilen zusammengesetzten Gebilde tritt ferner eine Abnahme der Federkonstanten infolge Nachgebens der Verbindung bei hoher Belastung auf. Aber auch der umgekehrte Fall einer Zunahme der Richtkraft mit wachsender Amplitude kommt in Betracht. So zeigen z. B. eingespannte Drähte und Seile in bezug auf seitliche Auslenkungen eine solche Zunahme. Ebenso ist bei der Verwendung von Gummi, Leder usw. als elastische Federglieder eine steigende Federkonstante mit wachsendem Ausschlag zu erwarten. Auch alle Einrichtungen, bei denen nach Überschreitung einer bestimmten Amplitude ein Anschlag in Tätigkeit tritt, gehören hierher, da der Anschlag nichts anderes als eine sprunghafte Erhöhung der Federkonstanten des Schwingungssystems bedeutet.

Gleichzeitig mit einer Änderung der Federkonstanten sind häufig auch entsprechende Änderungen der schwingenden Masse verbunden. Je weicher das Gebilde mit steigender Verformung wird, desto stärker fällt auch der Massenanteil der Konstruktion ins Gewicht. Auch können sich die Schwingungsfiguren mit steigender Schwingungsamplitude ändern, was ebenfalls eine Änderung der anteilmäßigen Masse zur Folge hat.

Der Reibungswiderstand steigt bekanntlich mit wachsender Verformung bald sehr steil an. Schon im Werkstoff selbst macht sich nach Überschreitung einer gewissen Beanspruchung diese Zunahme geltend. Ebenso wächst der Reibungswiderstand in Verbindungsstellen, z. B. Niet- und Schraubverbindungen, beim Eintreten von geringen Lockerungen sehr schnell an.

---

[1] Martienßen, O.: Physik. Z. 1910 S. 48. Duffing, G.: Erzwungene Schwingungen bei veränderlicher Eigenfrequenz. Braunschweig 1918.

Es würde hier zu weit führen, auf die Theorie der anharmonischen Schwingungen näher einzugehen. Auf jeden Fall lassen sich die auftretenden Erscheinungen in übersichtlicher Weise ebenfalls mit Hilfe graphischer Darstellungen untersuchen[1].

Hier sei nur auf die wichtigsten Erscheinungen anharmonischer Schwingungen hingewiesen, so daß die in Verbindung mit Schwingermessungen in manchen Fällen sich bemerkbar machenden Anzeichen für das Eintreten anharmonischer Verhältnisse als solche erkannt werden.

b) Die wichtigsten Kennzeichen anharmonischen Verhaltens. Bei technischen Konstruktionen tritt am häufigsten eine Abnahme der Federkonstanten verbunden mit einer Zunahme des Reibungswiderstandes mit wachsender Amplitude der Verformung auf, die weiteren Betrachtungen mögen hierauf beschränkt bleiben.

Bei der Aufnahme von Resonanzkurven steigt in diesem Fall die Amplitude oder auch die Leistung mit wachsender Frequenz zunächst in normaler Weise an. Bei Annäherung an die Resonanzzone jedoch zeigt sich ein wesentlich steilerer Anstieg als bei den normalen Kurven, wobei dieser Anstieg unter Umständen senkrecht nach oben führen kann. Nach Überschreiten eines Höchstwertes bei weiter gesteigerter Frequenz zeigt sich ein etwas flacherer Abstieg als bei der normalen Kurve. Wird dagegen die Resonanzkurve umgekehrt bei fallenden Frequenzen von oben herunter aufgenommen, so steigt im kritischen Frequenzgebiet die Amplitude zunächst etwa normal an, um nach Erreichen einer bestimmten Frequenz ziemlich unvermittelt auf tiefere Werte abzusinken. Je nachdem also mit steigender oder fallender Frequenz gemessen wird, ergeben sich zwei verschiedene Resonanzkurven. Der Höchstwert der Schwingungsgröße wird in beiden Fällen bei verschiedenen kritischen Frequenzen gefunden. Dies ist ein besonders deutliches Kennzeichen für den Beginn anharmonischen Verhaltens.

Man kann sich diese Erscheinung in groben Umrissen durch die Überlegung klarmachen, daß die Eigenfrequenz eines anharmonischen Systems mit wachsender Amplitude infolge der abnehmenden Federkonstanten niedrigere Werte annehmen muß. Wird nun die Resonanzkurve mit steigender Frequenz aufgenommen, so wird entsprechend bei Annäherung an das Resonanzgebiet und der damit verbundenen Vergrößerung des Ausschlages die wirksame Federkonstante und damit auch die Eigenfrequenz geringer. Die Resonanzkurve neigt sich sozusagen der zunehmenden Erregerfrequenz entgegen, wodurch der steile Anstieg an der Vorderfront der Resonanzkurve erklärt werden kann. Umgekehrt läuft bei Resonanzkurven, die von hohen nach tiefen Frequenzen aufgenommen werden, die Resonanzstelle der Erregerfrequenz davon, bis sie schließlich eingeholt wird, wobei sich dann ein plötzliches Abkippen auf wesentlich geringere Schwingungswerte anschließt.

Dieses Springen der Amplitude auf einen wesentlich niedrigeren

[1] Für den Fall erzwungener Schwingungen von Schiffen im Seegang vgl. W. Späth: Werft Reed. Hafen Bd. 14 (1933) S. 104. Für Brücken W. Späth: Schlußbericht des Pariser Kongresses d. Int. Ver. f. Brückenbau u. Hochbau. Zürich 1934.

oder höheren Wert wird in der Elektrotechnik „Kippen“ genannt, wo ähnliche Erscheinungen an Schwingungskreisen mit eisengesättigter Selbstinduktion beobachtet werden[1].

Aus diesem Verhalten stark beanspruchter mechanischer Schwingungssysteme muß eine wichtige Folgerung für die praktische Aufnahme von Resonanzkurven gezogen werden, auf die schon hier hingewiesen sei. Bei der Untersuchung eines technischen Systems zum Zwecke der Feststellung des dynamischen Verhaltens unter den Beanspruchungen des Betriebes müssen die Erregerkräfte des Schwingers denjenigen des praktischen Betriebes gleichgemacht werden, um auf diese Weise die für den Betrieb gültigen Kennwerte zu erhalten und den Beginn eines etwa vorhandenen anharmonischen Verhaltens zu erfassen. Hierbei muß ferner darauf geachtet werden, daß das System unter den gleichen statischen Belastungen steht, wie dies im Betrieb der Fall ist, da die dynamische Federung für die Schwingungszyklen von der Neigung der statischen Belastungskurven und damit von der Größe der Vorlast abhängt.

III. Die Schwingungsprüfmaschinen.

§ 9. Grundlagen.

Die Einrichtungen zur Erzeugung von periodischen Erregerkräften, Schwingungsprüfmaschinen oder auch nur kurz Schwinger genannt, machen sich die Zentrifugalkräfte rotierender, exzentrisch gelagerter Schwungmassen zunutze. In diesem Abschnitt werden die bei praktischen Messungen mit solchen Prüfmaschinen auftretenden, vielfältigen technischen Einzelfragen erläutert.

a) Die Zentrifugalkraft. Zunächst sei das Wichtigste über die Zentrifugalkraft kurz in Erinnerung gebracht. Wenn eine Masse M um eine feste Achse im Abstand R mit der Geschwindigkeit v rotiert, so wird auf die Achse eine Zentrifugalkraft ausgeübt, deren Größe sich berechnet zu

$$C = M \frac{v^2}{R} \,. \tag{39}$$

Da der Umfang des Kreises, den die Masse m bei einer einmaligen Umdrehung beschreibt, $2 R \pi$ ist, und dieser Weg in 1 sec n mal zurückgelegt wird, so läßt sich die Geschwindigkeit v auch schreiben

$$v = 2 R \pi n = \omega R \,.$$

Der Ausdruck $2 \pi n$ gibt die Winkelgeschwindigkeit ω der rotierenden Masse an, so daß

$$C = M R \omega^2 \,. \tag{40}$$

In dieser Form wird die Zentrifugalkraft am einfachsten berechnet.

b) Die Messung des Produkts *MR*. Zur Ermittlung der Zentrifugalkraft ist die Kenntnis des Produkts MR nötig. Dieser Wert kann aus

[1] Martienßen: S. 39.

der geometrischen Anordnung der Schwungmassen rechnerisch bestimmt werden. Einfacher und genauer erfolgt jedoch dessen Bestimmung durch Messung auf einer sogenannten Schwerpunktwaage. Eine solche Schwerpunktwaage besteht nach Abb. 17 im wesentlichen aus einem starren Rahmen, der mittels zweier Schneiden in entsprechenden Pfannen gelagert ist. Der Rahmen erhält in der Längsachse zwei Paare von Kugellagern. Zur Ausführung einer Messung wird die Schwungmasse in den Rahmen eingelegt und mit den beiden Wellenstümpfen auf die Kugellager abgesetzt. Die Schwungmasse liegt zunächst mit dem Schwerpunkt nach unten, und der freigegebene Rahmen pendelt um die Nullage hin und her. Durch Ausgleichgewichte, die auf den Rahmen gelegt werden, wird hierauf genau die Nullstellung einreguliert, die etwa durch das Einspielen einer auf dem Rahmen befestigten Libelle gegeben ist[1]. Wird nunmehr die Schwungmasse genau um 90° gedreht und in dieser Lage relativ zum Rahmen festgehalten, so wird ein Drehmoment auf die Waage ausgeübt, das durch Auflegen von Gewichten auf der gegenüberliegenden Seite des Rahmens ausgewogen werden kann. Wenn der Abstand der Gewichtsschale von der Schneidenachse L ist und das zur Einregulierung des Rahmens in die Nullage nötige Gewicht P kg beträgt, so ergibt sich

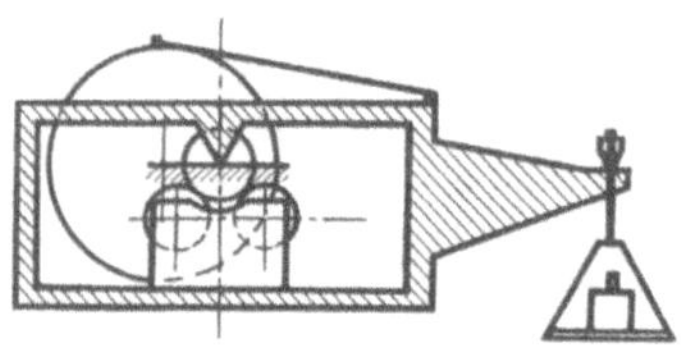

Abb. 17. Schwerpunktwaage zur Bestimmung des Produktes MR einer exzentrischen Masse.

$$MR = P \cdot L.$$

In dieser Weise werden die Produkte MR für die verschiedenen Einstellungen der Schwungmassen ermittelt.

c) Vereinigung mehrerer Schwungmassen. Wenn eine einzige exzentrische Schwungmasse um eine Drehachse rotiert, so nimmt der Endpunkt des Vektors der Zentrifugalkraft alle möglichen Richtungen in der Drehebene während einer Umdrehung an. Bekanntlich kann man sich eine Kreisbewegung entstanden denken durch das Zusammenwirken zweier Sinusschwingungen, deren Richtung im Raum senkrecht aufeinander steht und zwischen denen eine Phasendifferenz von 90° herrscht. Die Zentrifugalkraft einer rotierenden Masse kann man demnach etwa in eine horizontale und eine vertikale Komponente zerlegen, wobei die horizontale Komponente z. B. gerade ihren Höchstwert erreicht, wenn die vertikale Komponente durch Null schwingt. Da die Unterlage, auf der die rotierende exzentrische Masse aufgestellt wird, meistens in den verschiedenen Richtungen sehr verschieden hohe Federkonstanten und damit sehr verschieden hohe Eigenschwingungszahlen aufweist, so tritt eine Trennung der Wirkung beider Komponenten der Zentrifugalkraft ein. Dies ist z. B. der Fall, wenn ein einmassiger Schwinger auf einem horizontal gelagerten Balken befestigt wird. Die Resonanz in vertikaler Richtung wird hier schon bei verhältnismäßig tiefen Frequenzen erreicht, so daß gegenüber diesen starken Resonanz-

[1] Hort, H.: Jb. schiffbautechn. Ges. 1926 S. 185.

schwingungen in vertikaler Richtung die Schwingungen in horizontaler Richtung zu vernachlässigen sind.

Meistens strebt man jedoch im Interesse völlig klarer Verhältnisse die Erzeugung einer einzigen, in einer festen Richtung im Raum hin- und herschwingenden erregenden Kraft an. Zu diesem Zweck werden zwei gleich große, exzentrische Schwungmassen vorgesehen, die in gegenläufige, synchrone Umdrehung versetzt werden. Alle weiter unten noch im einzelnen zu beschreibenden Schwingungsprüfmaschinen zeigen daher die grundsätzliche Anordnung von mindestens zwei gleich großen Schwungmassen.

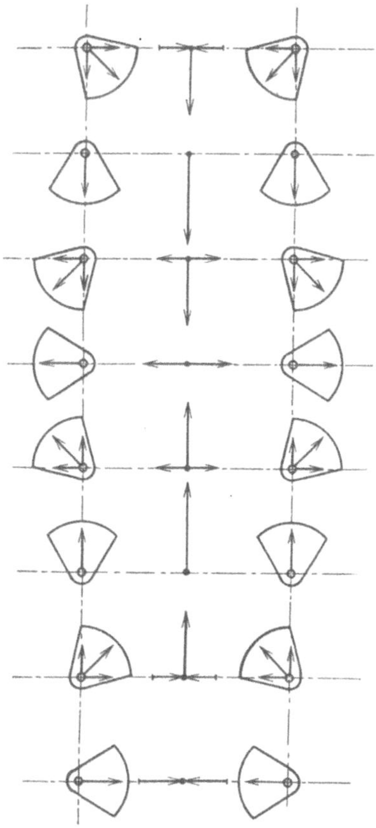
Abb. 18. Zusammensetzung der Kräfte zweier exzentrischer Massen.

Die von den beiden Schwungmassen gelieferten Zentrifugalkräfte setzen sich nach dem Parallelogramm der Kräfte zusammen. Wenn in einem bestimmten Augenblick beide Schwungmassen z. B. gerade durch ihre tiefste Lage hindurchgehen, so wird auf die Unterlage eine Kraft vom doppelten Betrag der Einzelkraft ausgeübt (Abb. 18). Drehen sich beide Massen weiter, so nimmt die nach unten gerichtete Kraft allmählich ab, wobei immer mehr anwachsende nach links und rechts gerichtete horizontale Komponenten auftreten, die sich jedoch gegenseitig aufheben bzw. von dem Maschinenrahmen aufgenommen werden. Die nach außen ausgeübte Kraft wird Null, wenn beide Massen durch die horizontale Lage schwingen, bei weiterer Drehung tritt eine allmählich anwachsende Kraftkomponente senkrecht nach oben auf. Wenn beide Schwungmassen ihre höchste Lage erreicht haben, sind die horizontalen Komponenten wieder zu Null geworden und die nach oben gerichtete Gesamtkraft ist gleich der Summe der beiden Einzelzentrifugalkräfte. Bei weiterer Drehung nimmt die nach oben gerichtete Kraft wieder ab, es treten erneut horizontale Kraftkomponenten auf, die jetzt nach innen gerichtet sind und sich wiederum aufheben bzw. vom Maschinenrahmen aufgenommen werden. Wenn beide Massen innen durch die horizontale Lage gehen, ist die ausgeübte Kraft Null, um dann allmählich in Richtung nach unten wieder zuzunehmen usf. Man erhält demnach eine in der Mittellinie zwischen beiden Massen auf und ab schwingende, genau sinusförmig verlaufende Erregerkraft.

d) Aufstellung eines Kräfteplanes. Wenn die Frequenz eines Schwingers, d. h. also das 2πfache seiner sekundlichen Umdrehungszahl ω beträgt, so ist der von einem zweimassigen Schwinger ausgeübte Höchstwert der Zentrifugalkraft $2\,M R\,\omega^2$. Hieraus läßt sich nach Messung des Wertes MR die jeweilige Zentrifugalkraft für jede Frequenz rechnerisch ermitteln. Der Einfachheit halber wird am besten ein Kräfteplan aufgestellt, aus dem sofort für alle in Frage kommenden Verhältnisse die jeweilige Erregerkraft zu entnehmen ist.

In Abb. 19 ist ein solcher Kräfteplan dargestellt. Auf der Abszissenachse ist die sekundliche Umdrehungszahl der Schwungmassen eingetragen (Hertz), als Ordinate die Zentrifugalkraft. Die eingezeichneten Kurven geben das Anwachsen der Zentrifugalkraft mit steigender Dreh-

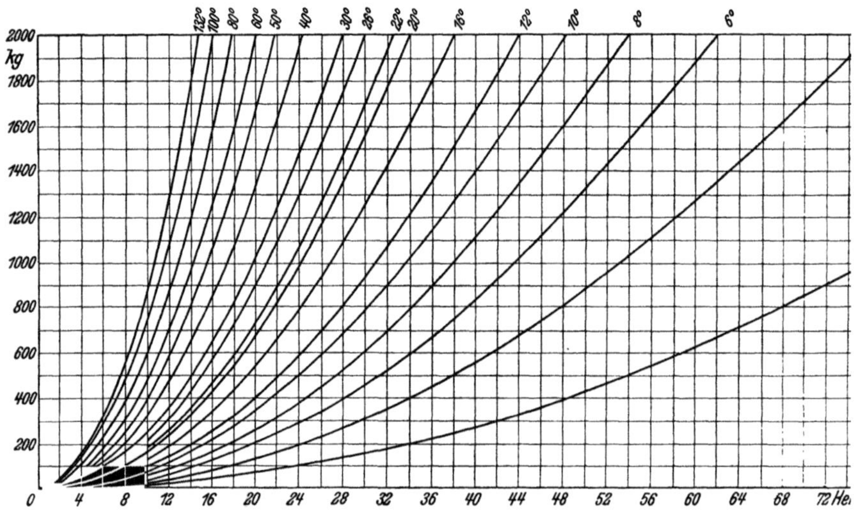

Abb. 19. Kräfteplan eines Schwingers.

zahl an, und zwar sind eine Anzahl von Kurven für die verschiedenen in Grad eingeteilten Stellungen der Schwungmassen eingezeichnet.

Der durch den Kräfteplan Abb. 19 gekennzeichnete Schwinger ist in Abb. 47 rechts zu sehen. Dieser Schwinger gibt demnach z. B. bei einer Stellung der Schwungmassen von 8^0 und einer Umdrehungszahl von 36 eine genau sinusförmige Erregerkraft ab, deren positiver und negativer Höchstwert 900 kg beträgt.

§ 10. Technische Einzelfragen.

a) Ausbildung und Einstellung der Schwungmassen. Für die konstruktive Ausbildung der Schwungmassen ergeben sich je nach den besonderen Bedingungen verschiedene Gesichtspunkte. Vor allen Dingen ist eine unbedingt sichere Befestigung der einzelnen Exzenterstellungen erforderlich. Außerdem muß eine schnelle und bequeme Verstellung möglich sein. Solange die Schwungmassen klein bleiben und leicht mit der Hand angehoben werden können, ist diese Aufgabe einfach zu lösen, schwieriger werden die Verhältnisse, wenn die Exzentermassen selbst größere Ausmaße annehmen und Gewichte von mehreren Tonnen erreichen.

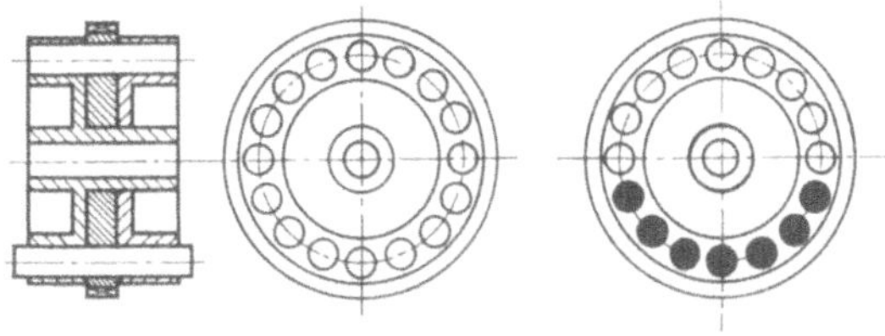

Abb. 20. Verstellung des Wuchtgewichtes durch Einstecken von Stäben in die Bohrungen eines Rotors.

Im wesentlichen können drei verschiedene Anordnungen unterschieden werden, die sich den hohen Ansprüchen des Dauerbetriebes gewachsen zeigten. Für kleinere Schwinger wird eine Trommel vorgesehen, an deren Umfang eine Anzahl Löcher angebracht sind. Die Trommel selbst ist ausgewuchtet und gibt demnach keine erregenden Kräfte ab. Diese werden dadurch erzeugt, daß in die Löcher Stäbe eingesteckt werden. Auf diese Weise wird eine sehr einfache und bequem zu bedienende Grundanordnung erzielt. Die Größe der erregenden Kraft kann durch Wahl der Anzahl der einzusteckenden Stäbe stufenweise eingestellt werden (Abb. 20).

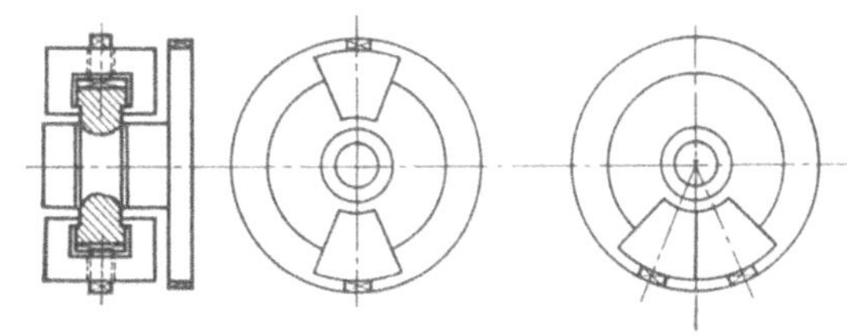

Abb. 21. Verstellung des Wuchtgewichtes durch Verschieben zweier Massen.

Eine zweite Anordnung, die vorwiegend bei Schwingern mittlerer Größe Anwendung findet, sieht ein Zahnrad vor, auf dem zwei gleich große Massen in schwalbenschwanzförmigen Nuten verschoben werden können. Die Massen besitzen entsprechende Rasten, welche in die Lücken des Zahnrades eingreifen. Stehen sich die beiden Massen gerade gegenüber, so ist die Zentrifugalkraft Null, werden sie zusammengeschoben, so erreicht die Zentrifugalkraft ihren Höchstwert (Abb. 21).

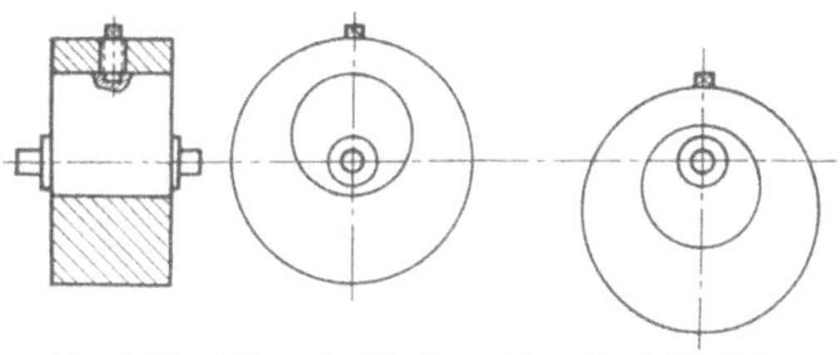

Abb. 22. Verstellung des Wuchtgewichtes durch Verdrehen zweier exzentrischer Massen.

Die dritte Ausführung kommt für sehr schwere Schwinger in Frage. Hier besteht die Schwungmasse aus einem zylindrischen Körper mit einer exzentrischen Bohrung, in die ein zweiter Zylinder eingepaßt wird, dessen Achse ebenfalls exzentrisch angeordnet ist. Die beiden Zylinder können gegeneinander verdreht und in bestimmten Lagen durch Bolzen gesichert werden. In der linken Stellung der Abb. 22 sind die beiden Zylinder gerade so gegeneinander verdreht, daß keine Erregerkraft auftritt, in der rechten Stellung dagegen wird die höchstmögliche Zentrifugalkraft erzeugt. Zur gegenseitigen Verdrehung der beiden Zylinder wird zunächst der äußere Zylinder durch einen Bolzen festgehalten. Hierauf wird der innere Zylinder durch eine auf das Getriebe geschaltete Handkurbel gedreht, bis die gewünschte Stellung erreicht ist. Diese Stellung wird durch Bolzen gesichert, die in den äußeren Zylinder eingeschraubt werden und in Vertiefungen des inneren Zylinders eingreifen.

b) Synchronisierung. Die Synchronisierung der beiden Massen eines zweimassigen Schwingers erfolgt durch Zahnradgetriebe. Besondere Beachtung ist der genauen Ausführung dieser Getriebe zu schenken, um möglichst geringe und gleichbleibende Leerlaufverluste zu erhalten. Diese Forderung ist besonders wichtig im Hinblick auf die Durchführung von Leistungsmessungen. Auch hängt von der Herstellungsgenauigkeit des Getriebes die Reinheit der Sinusform der erzeugten Schwingung ab. Bei größeren Schwingern laufen die Getriebe meistens vollständig in einem Ölregen.

c) Der Antrieb. Für den Antrieb der Schwinger werden hauptsächlich Gleichstrommotore benutzt, da an die Regelbarkeit große Anforderungen zu stellen sind. In einigen Fällen kommen Synchronmotore, aber auch Explosions- oder Dieselmotore zur Anwendung.

Der für die Speisung der Elektromotore nötige Gleichstrom wird bei ortsfesten Anlagen dem Netz entnommen, falls nicht allzu große Spannungsschwankungen zu befürchten sind. Größere Spannungsschwankungen, etwa über 5% der Grundspannung in stark belasteten Netzen, sind für die Aufnahme genauer Resonanzkurven sehr hinderlich. In solchen Fällen und auch beim völligen Fehlen eines Gleichstromnetzes kommen besondere Umformer oder auch Batterien in Frage. Bei beweglichen Prüfeinrichtungen, die völlig unabhängig von jedem Stromnetz arbeiten müssen, kann eine häufig schon vorhandene Batterie mitgeführt werden, zu deren Ladung ein kleines Ladeaggregat, etwa angetrieben durch einen Explosionsmotor, dient.

In manchen Fällen genügt die Regelung der Gleichstrommotoren von der Grunddrehzahl aus nach tieferen Drehzahlen durch Vorschalten von Widerstand im Ankerkreis, nach oben durch Schwächen des Feldes. Beide Regelarten haben jedoch gewisse Nachteile. Die Regelung im Anker hat den Nachteil, daß durch den wechselnden Spannungsabfall im vorgeschalteten Widerstand die Umdrehungszahlen der Motoren sehr empfindlich gegenüber Belastungsschwankungen sind. Dies ist bei der Aufnahme von Resonanzkurven hinderlich, da gerade nach Überschreitung der Resonanzspitze eine starke Entlastung der Motoren auftritt, und infolgedessen deren Drehzahl sehr stark ansteigt. Die Schwächung des Feldes dagegen vermindert den Wirkungsgrad der Motoren, außerdem muß die Regelung sehr langsam erfolgen, damit keine elektrischen Überspannungen beim Zurückdrehen des Kontrollers auftreten.

Aus diesen Gründen werden die Schwinger heute in steigendem Maß mit besonderen Leonardaggregaten ausgestattet, die eine einfache Einstellung der Drehzahl durch Regelung der Antriebsspannung für die Motore ermöglichen. Für diesen Zweck wurden besondere Aggregate und Spezial-Antriebsmotore entwickelt[1], die eine konstante Aufrechterhaltung der Drehzahl des Schwingers selbst bei plötzlichen Entlastungen ermöglichen. Überall dort, wo es auf die genaue Ermittlung von spitzen Resonanzkurven geringer Dämpfung, z. B. bei der Untersuchung von Brücken, ankommt, leistet ein solches Leonardaggregat gute Dienste.

Es würde hier zu weit führen, auf eine nähere Beschreibung dieser Leonardaggregate einzugehen. Im wesentlichen bestehen sie aus drei Einzelteilen, einem Motor, einem Generator und einer besonderen Erregermaschine zur Erregung des Feldes des Generators. Die von dem Generator abgegebene Spannung kann durch einfache Regelung des Feldes durch Änderung der Spannung der Erregermaschine verändert werden. Eine schematische Schaltskizze ist in Abb. 46 dargestellt, während Abb. 47 ausgeführte Aggregate mit zugehörigen Schwingern zeigt.

Wenn ein Schwinger einen sehr weiten Frequenzbereich bestreichen muß, so werden die Antriebsverhältnisse besonders bei sehr tiefen Umdrehungszahlen ungünstig, da der Wirkungsgrad absinkt. In solchen Fällen kann eine Grobregulierung in einigen Stufen durch Änderung der Übersetzungsverhältnisse im Getriebe des Schwingers selbst vorgesehen werden. Zwischen Antriebsmotoren und Getriebe wird zu diesem Zweck ein Umschaltgetriebe, etwa nach Art der Automobilkupplungen, eingeschaltet. Bei kleineren Schwingern, bei denen häufig Keilriemen zur Anwendung kommen, kann durch Auswechslung der Antriebsscheiben eine Anpassung an die Betriebsbedingungen erreicht werden.

d) Die Befestigung der Schwinger. Zur Ausführung einer Messung muß der Schwinger mit dem zu untersuchenden Gebilde zuverlässig verbunden werden. Zu diesem Zweck wird das Gehäuse mit vielfachen Befestigungsmöglichkeiten je nach den besonderen Bedürfnissen versehen. In vielen Fällen ist es möglich, den Schwinger durch Bolzen gegen die Unterlage anzupressen. Bei der Ausführung von Dauerversuchen ist es vorteilhaft, zwischen Schwinger und Unterlage eine dünne, elastische Zwischenschicht zu legen, z. B. Papier, Pappe, Gummi oder Holz. Durch diese Zwischenlagen wird ein satter Anpreßdruck erzielt, der Lockerungen im Verlaufe des Dauerversuches zum mindesten stark verzögert.

Bei der Prüfung von Eisenbahnbrücken genügt im allgemeinen eine Befestigung des Schwingers an den Schienen. Hierfür kommen Gleisgreifer in Frage, die eine leichte Befestigung ermöglichen. In manchen Fällen, z. B. bei der Untersuchung von Eisenkonstruktionen, Fundamenten von Schiffsmaschinen usw. wird eine sichere und einfache Befestigung durch Anschweißen des Schwingergehäuses an die Unterlage in einigen Punkten erreicht.

Wesentlich anders liegen die Verhältnisse bei der Untersuchung des Erdbodens, von Bettungen usw. In diesen Fällen ist eine Befestigung nicht ohne weiteres möglich. Da es sich hierbei meist nur um Schwingungen in senkrechter Richtung handelt, kann man ein Abheben des

[1] In Zusammenarbeit mit Siemens-Schuckert, Berlin.

Schwingers vom Erdboden in der nach oben gerichteten Phasenhälfte durch Zusatzgewichte verhindern. Vgl. § 22.

e) Die kennzeichnenden Größen eines Schwingers. Von einem Schwinger wird verlangt, daß er schon von einer möglichst tief gelegenen Umdrehungszahl an eine möglichst große Erregerkraft liefert. Da aber andererseits die Erregerkraft mit abnehmender Umdrehungszahl quadratisch abnimmt und damit zur Aufrechterhaltung einer vorgeschriebenen Erregerkraft das Produkt MR entsprechend vergrößert werden muß, sind durch die Vorschrift einer bestimmten Erregerkraft von einer gegebenen tiefsten Umdrehungszahl an die Abmessungen eines Schwingers im wesentlichen bestimmt. Diese Abmessungen nehmen daher für Schwinger, die bei langsamen Umdrehungszahlen hohe Kräfte abgeben sollen, verhältnismäßig große Werte an. Umgekehrt werden sie für schnellaufende Schwinger überraschend klein.

Wird bei der größtmöglichen Exzentrizität eines Schwingers die Umdrehungszahl gesteigert, so wächst die Zentrifugalkraft und entsprechend auch die Belastung der Lager der Maschine quadratisch mit der Frequenz an. Da im Interesse eines sicheren Dauerbetriebes diese Belastung der Lager nicht beliebig hoch gesteigert werden kann, wird bald eine obere Grenze erreicht, die durch die zulässige Beanspruchung der Lager gegeben ist. Die Umdrehungszahl, für welche die Höchstkraft bei größter Exzentrizität erreicht wird, ist eine kennzeichnende Größe für einen Schwinger. Diese kritische Drehzahl ist für den in Abb. 19 dargestellten Schwinger 14,7 Hz.

Wenn man nun die Exzentrizität auf Null oder einen sehr kleinen Wert einstellt, so kann die Umdrehungszahl des Schwingers wesentlich höher gesteigert werden, ohne daß eine Überlastung der Lager eintritt. Aber auch einer beliebig weitgehenden Steigerung der Drehzahl eines im Leerlauf arbeitenden Schwingers sind Grenzen gesetzt, da die Motore nicht über eine gewisse Höchstdrehzahl hinaus geregelt werden können. Diese durch die Antriebsmotore und die Übersetzungsverhältnisse gegebene Höchstdrehzahl ist eine weitere kennzeichnende Größe. Für diese Höchstdrehzahl wird die durch die Lager bestimmte zulässige Höchstkraft natürlich bei wesentlich kleineren Exzenterstellungen erreicht als bei dem Grundversuch mit größter Exzentrizität.

Die Antriebsmotore müssen die bei der Höchstdrehzahl im Leerlauf verbrauchte Leistung und außerdem noch eine bestimmte, nutzbare Schwingleistung decken. Da die Leerlaufverluste mit der Umdrehungszahl ansteigen, so nimmt die zur Verfügung stehende Schwingleistung für den höchsten Drehzahlbereich ab. Dasselbe gilt für den untersten Drehzahlbereich, da mit abnehmender Drehzahl die zur Verfügung stehende Leistung ebenfalls abnimmt. Es ist deshalb vorteilhaft, mit einer mittleren Drehzahl der Motoren zu arbeiten, und gegebenenfalls durch Auswechslung der Übersetzung günstige Verhältnisse zu schaffen.

Es ergeben sich demnach für einen Schwinger folgende kennzeichnenden Größen:

Höchstwert des Produkts MR.

Zulässige Höchstbelastung der Lager.

Untere kritische Drehzahl, von welcher an diese Höchstbelastung mit dem Höchstwert von MR erreicht wird.

Höchste Drehzahl, bis zu welcher der Schwinger geregelt werden kann.

Antriebsleistung der Motore.

Eigengewicht des Schwingers.

IV. Die Ausführung dynamischer Messungen.

§ 11. Die Aufnahme von Resonanzkurven.

a) Allgemeines. Die Aufnahme von Resonanzkurven, d. h. die Bestimmung einer dynamischen Schwingungsgröße in Abhängigkeit von der Frequenz der erregenden Kraft bildet die Grundlage für alle dynamischen Untersuchungen.

Wenn von Resonanzkurven mechanischer Schwingungssysteme gesprochen wird, so denkt man gewöhnlich an den Verlauf des Schwingungsausschlages in Abhängigkeit von der Frequenz der erregenden Kraft. Die Resonanzkurve des Schwingungsausschlages wird stets von besonderem Interesse sein, da dieser ein Maß für die Beanspruchung der federnden Glieder des Schwingungssystems ist. Leider ist aber häufig die genaue Erfassung der Amplitude nicht einfach, da in den meisten Fällen ein besonderer Fixpunkt fehlt, so daß Schwingungsmesser nach dem Prinzip des Seismographen notwendig werden. In der Entwicklung solcher Schwingungsmesser ist in den letzten Jahren mancher Fortschritt erzielt worden, immerhin stellt die Messung des Schwingungsausschlages über einen weiten Frequenzbereich mit gleichbleibender Genauigkeit hohe Anforderungen an die Frequenzunabhängigkeit dieser selbst aus einem schwingenden System bestehenden Apparate[1].

Außer der Resonanzkurve des Ausschlags kann die Aufnahme von Resonanzkurven der Geschwindigkeit, der Beschleunigung und insbesondere auch der Leistung je nach den Verhältnissen besondere Vorteile bieten. Diese Vorteile können auf einer leichteren Auswertbarkeit der entsprechenden Resonanzkurven oder aber auf einer bequemeren Durchführung der Messungen beruhen. Besonders die leichte Handhabung der Meßgeräte spielt bei der Aufnahme derartiger Resonanzkurven eine ausschlaggebende Rolle. Da es sich häufig um Messungen im Freien, etwa an Brücken, Schiffen, Bettungen, handelt, zu deren Durchführung meist nur eine sehr beschränkte Zeit zur Verfügung steht,

[1] Eine ausführliche Darstellung der Arbeitsbedingungen von Schwingungsanzeigern und der entwickelten Apparate ist gegeben bei H. Steuding: Messung mechanischer Schwingungen. Berlin: VDI Verlag 1928. Siehe ferner: Hort, W., u. Hülsenkamp, F.: Untersuchung von Spannungs- und Schwingungsmessern für Brücken. Berlin 1928. Reutlinger, G.: Eine experimentelle Überprüfung der Theorie der Schwingungsmesser. Gerlands Beitr. Geophys. Bd. 24 (1929) S. 207.

An deutschen Apparaten sind heute die Schwingungsmesser folgender Firmen auf dem Markt: Askania-Werke A.G. Bambergwerk Berlin. Lehmann & Michels, Hamburg (Vibrograph von Geiger). H. Maihak, Hamburg. Carl Schenck, G. m. b. H., Darmstadt (ohne Registrierung).

müssen hohe Anforderungen an die Betriebsbereitschaft der Meßgeräte gestellt werden.

Zur Ausführung eines Resonanzversuchs wird ein geeigneter Schwinger auf der zu untersuchenden Konstruktion befestigt. Falls diese völlig unbekannt bezüglich ihres dynamischen Verhaltens ist, wird zunächst eine sehr kleine Exzentrizität eingestellt, um jede Schädigung zu vermeiden. Der Schwinger wird hierauf in Gang gesetzt und probeweise das ganze in Betracht kommende Frequenzgebiet durchfahren, wobei sich ein oder mehrere kritische Resonanzgebiete zeigen. Nach dieser probeweisen Abtastung wird mit den eigentlichen Messungen begonnen, da nunmehr die Wahl der Verteilung der Meßpunkte, die in den eigentlichen Resonanzgebieten dichter gewählt werden, zweckentsprechend getroffen werden kann.

b) Die Resonanzkurve der Amplitude. In der schematischen Zeichnung (Abb. 23) sind die wesentlichsten Bedienungs- und Ableseorgane eingezeichnet, wobei angenommen ist, daß der Schwingungsausschlag durch eine Meßuhr beobachtet wird. Die Exzentrizität des Schwingers wird so eingestellt, wie es dem Zweck der Messung entspricht (§ 2, c). Hierauf wird der Kontroller eingeschaltet, so daß die Massen des Schwingers langsam sich zu drehen beginnen. Nachdem sich eine konstantbleibende Drehzahl — ablesbar an einem Tachometer — eingestellt hat, wird der zugehörige Ausschlag der Meßuhr bestimmt. In einem Kurvenblatt trägt man den Ausschlag als Funktion der Drehzahl ein. Hierauf wird der Kontroller weiter eingerückt, die Drehzahl steigt und nimmt nach einiger Zeit einen zweiten konstanten Wert an. Sobald der Schwinger in die neue Drehzahl eingelaufen ist, wird das entsprechende Wertepaar Drehzahl-Ausschlag abgelesen. In dieser Weise wird fortgefahren, wobei zunächst die Sprünge in der Drehzahl verhältnismäßig groß gewählt werden können, da der Ausschlag nur langsam zunimmt. Sobald jedoch die Nähe des Resonanzgebietes erreicht wird und der Ausschlag stärker ansteigt, werden die Meßpunkte enger gewählt. Besonders wichtig ist es, die Kuppe der Resonanzkurve möglichst scharf zu erfassen. Nach Überschreitung der Resonanz fällt der Ausschlag wieder ab, um sich allmählich einem Grenzwert zu nähern. Es ist vorteilhaft, die Aufnahme der Kurve bis zu möglichst hohen Umdrehungszahlen fortzusetzen, um den Auslauf der Resonanzkurve und die Annäherung an den Grenzwert deutlich zu bekommen.

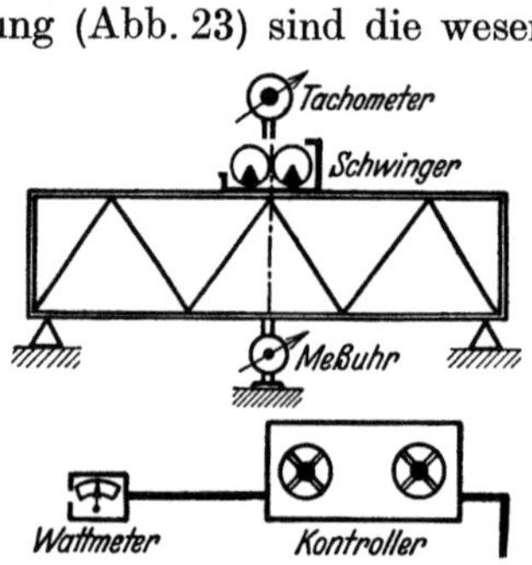

Abb. 23. Grundsätzliche Anordnung zur Ausführung von Schwingermessungen.

c) Die Resonanzkurve der Leistung. Die so erhaltene Resonanzkurve des Ausschlags zeigt, daß dieser im allgemeinen sehr klein bleibt, und daß nur in einem schmalen Frequenzbereich eine beträchtliche Erhöhung eintritt. Die Antriebsmotore des Schwingers arbeiten daher außerhalb der Resonanz annähernd im Leerlauf, wobei im wesentlichen nur die elektrischen und mechanischen Verluste der Motoren und der Getriebe zu decken sind. Eine nennenswerte, nutzbare Leistung ist nicht vorhanden. Im Gebiet der Resonanzaufschaukelung dagegen ist eine zusätzliche Schwingleistung nötig, um die beim Schwingen verbrauchte Leistung nachzuliefern (§ 5, d). Dieser erhöhte mechanische Leistungsbedarf macht sich in einer entsprechenden Zunahme der von den Antriebsmotoren aus dem Netz aufgenommenen elektrischen Leistung bemerkbar[1].

Wenn man demnach die von den Motoren eines Schwingers aufgenommene elektrische Leistung durch passende Instrumente mißt, so erhält man einen wichtigen Einblick in die Energiebilanz des zu untersuchenden Schwingungssystems. Die hierfür als Meßinstrumente in Frage kommenden Wattmeter besitzen eine Reihe grundsätzlicher Vorteile. Zunächst sind Wattmeter sehr genaue und zuverlässige Instrumente, deren Bedienung außerordentlich einfach ist. Vor allen Dingen aber ist die Messung der Leistung unabhängig von festen Meßpunkten. Auch ist die Frequenz des Schwingers ohne Einfluß auf die Anzeige der Wattmeter. Aus diesen Gründen kommt der Messung der Leistungsaufnahme eines Schwingers besondere Bedeutung zu, sie hat die schnelle Entwicklung von Schwingermessungen sehr gefördert.

Die Aufnahme einer Resonanzkurve der Leistung erfolgt in ähnlicher Weise wie diejenige des Ausschlags. Man mißt hierbei mit einem Wattmeter die von den Motoren aufgenommene Leistung. Nach Einschaltung des Kontrollers stellt sich der Schwinger auf eine bestimmte Drehzahl ein. Diese Drehzahl und die zugehörige Wattaufnahme werden abgelesen und in einem Diagramm aufgetragen. Nunmehr ist der Kontroller weiterzuschalten, so daß die Drehzahl in einen höheren Wert einläuft. Das sich ergebende neue Wertepaar wird abgelesen und in das Diagramm eingetragen. Bei Annäherung an die Resonanz werden wiederum die Meßpunkte enger gewählt, da die Leistung nunmehr kräftig ansteigt. Für verhältnismäßig kleine Drehzahlerhöhungen sind jetzt große Regleränderungen nötig. Von Wichtigkeit ist wiederum die scharfe Erfassung der Resonanzspitze. Nach deren Überschreitung nehmen die Wattbeträge wieder ab, um nach Durchschreitung eines Minimums für hohe Frequenzen wieder anzusteigen. Dieser Abstieg der Leistung kann bei Schwingungssystemen geringer Dämpfung, bei denen also ein sehr scharfer Abfall auftritt, im allgemeinen nur unter Verwendung eines Leonardaggregates erhalten werden (§ 10, c), da die plötzliche Entlastung der Motoren ohne besondere Vorkehrungen ein unkontrollierbares Hochsteigen der Drehzahl in die nächst höhere stabile Lage verursacht.

---

[1] Man kann das Verhalten des Antriebsmotors eines Schwingers bei der Überschreitung eines Resonanzgebietes etwa vergleichen mit demjenigen des Motors einer elektrischen Lokomotive, die eine Steilrampe zu überwinden hat, deren Steigungen (nicht Profil) durch die Resonanzkurve der Amplitude gegeben sind. Die Fahrleistung in der Ebene, also vor dem Resonanzanstieg, bleibt klein, mit Annäherung an das Resonanzgebiet wird die Steigung und damit die Leistung des Motors immer größer, um im Resonanzpunkt den Höchstwert zu erreichen. Nach Überschreitung der Resonanzspitze nimmt die Steigung und damit die Leistung wieder kleinere Werte an.

Bei der Aufnahme der Resonanzkurve der Leistung ist es besonders wichtig, mit der Ablesung des Wattmeters so lange zu warten, bis der elektrische Schaltvorgang abgeklungen ist und das Wattmeter einen gleichbleibenden Zeigerausschlag angenommen hat. Erst dieser gleichbleibende Ausschlag ist maßgebend, denn bei der Verstellung des Kontrollers z. B. im Sinne einer Erhöhung der Drehzahl müssen zunächst die rotierenden Massen des Schwingers auf die höhere Drehzahl beschleunigt werden. Zur Bewältigung dieser Beschleunigungsarbeit, die mit dem eigentlichen Schwingungsvorgang nichts zu tun hat, nehmen die Antriebsmotore kurz nach der Verstellung des Kontrollers einen hohen Leistungsbetrag aus dem Netz auf. In dem Maße, wie sich die Drehzahl des Schwingers dem neuen Gleichgewichtszustand nähert, nimmt der Belastungsstoß ab, und die am Wattmeter abgelesene Leistung erreicht bald einen bestimmten Grenzwert, wenn die Beschleunigungsleistung zu Null geworden ist.

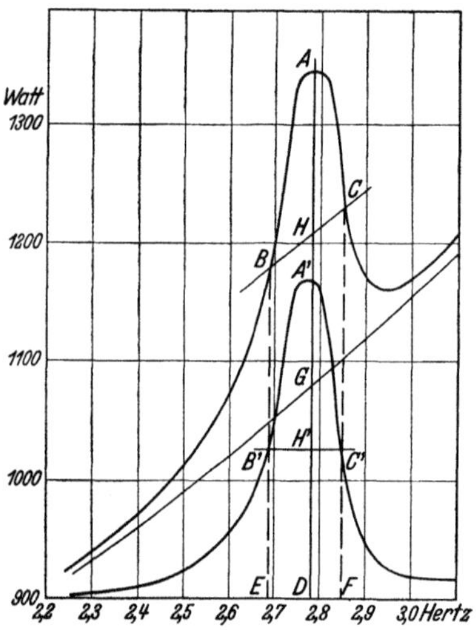

Abb. 24. Resonanzkurve der Leistung (Donaubrücke bei Wien, Spannweite 80 m).

Umgekehrt spielt sich der Vorgang ab, wenn die Drehzahl des Schwingers erniedrigt wird. Hierbei muß zunächst die in den schnell rotierenden Teilen des Schwingers aufgespeicherte kinetische Energie verbraucht werden. Kurz nach der Verstellung des Kontrollers zeigt sich daher in diesem Fall eine Abnahme der aufgenommenen Leistung, ja der Schwinger kann bei schnellem Zurückdrehen des Kontrollers plötzlich als Generator laufen, wobei von den Antriebsmotoren Strom gegen die Spannung des Netzes in dieses zurückgeliefert wird. Erst wenn die überschüssige Energie unter allmählicher Verlangsamung der Drehzahl abgebremst ist, nähert sich der Ausschlag des Wattmeters einem bestimmten Endwert, der für die Leistungsbilanz des Gleichgewichtszustandes maßgebend ist.

Die punktweise Aufnahme der Leistung in Abhängigkeit von der Drehzahl des Schwingers ergibt eine Kurve etwa gemäß Abb. 24. Diese Kurve enthält außer der eigentlichen Schwingleistung auch die Leerlaufleistung zur Überwindung der elektrischen und mechanischen Verluste. Es ist daher anzustreben, diese Verluste klein zu halten, damit die eigentliche Schwingleistung möglichst deutlich in Erscheinung tritt. Dies ist besonders für stark gedämpfte Schwingungssysteme von Wichtigkeit, bei denen nur eine verhältnismäßig flache Erhebung über den Leerlaufverlusten sich zeigt. Das Verhältnis der Schwingleistung zur Leerlaufleistung ist ferner in hohem Maße abhängig von der Einstellung der Exzentrizität der Massen selbst, denn je stärker die Erregung gewählt wird, desto mehr wird die eigentliche Schwingleistung überwiegen.

Um die Schwingleistung von den Leerlaufverlusten zu trennen, sind mehrere Wege gangbar. Für Kurven mit geringer Dämpfung kann bei einiger Übung die Leerlaufkurve an die Resonanzkurve ungefähr asymptotisch angelegt werden. Immerhin ist es sehr empfehlenwert, von Zeit zu Zeit besondere Leerlaufkurven aufzunehmen. Der einfachste Weg besteht darin, die Exzentrizität der Schwungmassen auf Null zu stellen, so daß keine Schwingungsleistung abgegeben werden kann und die aufgenommene Wattkurve ausschließlich die in der Maschine selbst verbrauchte Leistung darstellt. Hierbei ist allerdings die Voraussetzung zu machen, daß die Reibungsverluste in den Lagern gleich groß sind, gleichgültig ob diese Lager durch Zentrifugalkräfte belastet sind oder nicht.

Die Bestimmung der Leerlaufleistung ist ferner dadurch möglich, daß der Schwinger mit einem schwingungstechnischen Gebilde verbunden wird, dessen Eigenfrequenz entweder sehr hoch oder sehr tief über oder unter dem Frequenzbereich des Schwingers liegt. In diesen Fällen ist die Schwingleistung sehr gering, und die aufgenommene Leistung kann der Leerlaufleistung gleichgesetzt werden. Der Schwinger wird entweder auf einer schweren Grundplatte aufgestellt, oder aber er wird an sehr weichen Federn aufgehängt. In beiden Fällen liegt die Resonanzfrequenz der Schwingungssysteme genügend weit außerhalb des Frequenzbereichs des Schwingers, so daß die Leerlaufleistung mit großer Annäherung erfaßt werden kann.

Die Leerlaufverluste eines Schwingers sind nicht völlig konstant. Sie hängen von dem Zustand des Getriebes und der Lager ab. Ebenso ist die Erwärmung der Motore und die Güte des Öles von Einfluß. Es ist empfehlenswert, Leerlaufmessungen nur im Betriebszustand zu machen, der für die Messung der Resonanzkurven in Frage kommt. Für sehr genaue Messungen empfiehlt es sich daher, sowohl Resonanzkurven als auch Leerlaufmessungen nur im betriebswarmen Zustand der Maschinen anzustellen. Zur Erzielung eines stationären Endzustandes wird hierbei der Schwinger vor Beginn der Messungen einige Zeit, etwa eine halbe Stunde, in Betrieb gesetzt, damit er die endgültige Betriebswärme annimmt. Im allgemeinen jedoch ist diese Vorsicht unnötig.

d) Die Resonanzkurve der Geschwindigkeit. Die Resonanzkurve der Geschwindigkeit besitzt besondere meßtechnische Vorzüge, so daß die Aufnahme derartiger Kurven wünschenswert ist. Voraussetzung hierfür ist allerdings die Schaffung geeigneter Meßinstrumente zur Erfassung der Geschwindigkeit von Schwingungsvorgängen. Hierfür kommen etwa elektrische Meßgeräte in Frage, bei denen durch die Veränderung des magnetischen Flusses einer elastisch gelagerten Spule Spannungen erzeugt werden, die der Geschwindigkeit proportional sind[1].

Allerdings stellt hierbei das Anzeigegerät ebenfalls ein besonderes Schwingungssystem dar, dessen Eigenfrequenz zu berücksichtigen ist.

[1] Galitzin, B.: Vorlesungen über Seismometrie. Leipzig 1914. Reutlinger, G.: Gerlands Beitr. Geophys. Bd. 24 (1929) S. 168.

Die Aufnahme der Resonanzkurve der Geschwindigkeit erfolgt im übrigen in gleicher Weise wie bisher, etwa wie die Messung der Amplitude. An Stelle der Amplitude wird hierbei die Geschwindigkeit in Abhängigkeit der Drehzahl aufgetragen. Im Hinblick auf die Vorteile dieser Geschwindigkeitsmessungen wäre eine Weiterentwicklung entsprechender Meßgeräte wünschenswert.

e) **Die Resonanzkurve der Beschleunigung.** Der Aufnahme der Resonanzkurve der Beschleunigung kommt eine gewisse Bedeutung insofern zu, als der heutige Stand der Entwicklung von Beschleunigungsmessern besondere Vorzüge meßtechnischer Art verspricht. Derartige Beschleunigungsmesser, bei denen z. B. der wechselnde Druck einer kleinen Masse auf die Unterlage durch die wechselnde Zusammendrückung von Mikrophon-Kohleplättchen gemessen wird, sind sehr handliche Instrumente. Sie haben ferner den Vorteil, daß ihre Eigenabstimmung sehr hoch liegt, so daß sie im Bereich der technischen Frequenzen verzerrungsfrei zu arbeiten vermögen. Die weitere Entwicklung hängt natürlich auch hier von der Schaffung zuverlässiger Meßgeräte ab[1].

Zur Aufnahme einer Resonanzkurve wird der Beschleunigungsmesser an die Beobachtungsstelle gebracht und die Abhängigkeit der Beschleunigung von der Drehzahl des Schwingers aufgenommen.

§ 12. Die Messung des Phasenwinkels.

Während in der Statik vorausgesetzt wird, daß Belastung und Verformung in Phase sind, d. h. zeitlich gleichmäßig zu- und abnehmen, ist dies bei dynamischen Vorgängen nicht der Fall. Zwischen der erregenden Kraft einerseits und Ausschlag, Geschwindigkeit bzw. Beschleunigung andererseits sind Phasenverschiebungen vorhanden, die im allgemeinen innerhalb eines Winkels von 180^0 schwanken können (vgl. § 6g). Die Wichtigkeit der Phase für die Untersuchung dynamischer Vorgänge kann nicht genug unterstrichen werden. Gerade in Verbindung mit Schwingungsprüfmaschinen gewinnen Phasenmessungen besonderes Interesse, da sie nunmehr verhältnismäßig einfach durchgeführt und den verschiedensten Zwecken nutzbar gemacht werden können.

a) **Einrichtung der Degebo.** Zur Messung der Phasenverschiebung zwischen der erregenden Kraft des Schwingers und der hierdurch erzeugten Amplitude ist es nötig, die Stellung der Schwungmassen des Schwingers in dem etwa von einem schreibenden Schwingungsmesser aufgezeichneten Diagramm gleichzeitig zu markieren. Zu diesem Zweck wird nach dem Vorschlag der Degebo (Deutsche Forschungsgesellschaft für Bodenmechanik, Berlin) mit dem Schwinger ein Zündapparat gekuppelt, wie er an Explosionsmotoren üblich ist. Dieser Zündapparat ist so eingestellt, daß er einen Funken in einer ausgezeichneten Stellung der Schwungmassen, etwa im Augenblick des Durchganges durch die

[1] Vgl. H. Steuding: S. 49. O. Peters u. R. S. Johnston: New developments in electric telemeters. Engineering Bd. 116 (1923) S. 253. Siemann: Ferndehnungsmessungen an Schiffskörpern. Z. VDI Bd. 70 (1926) S. 539. R. Bernhard: Beitrag zur Brückenmeßtechnik, Der Stahlbau (Bautechnik) 1928 S. 145.

tiefste Stellung liefert. Dieser Funken brennt sich auf dem Registrierstreifen ein und liefert dadurch periodische Marken, aus deren Lage die Phasenverschiebung zwischen Kraft und Amplitude unter den verschiedenen Betriebsbedingungen zu entnehmen ist.

Für sehr langsame Schwingungen genügt auch das Schließen eines Kontaktes, der mit Hilfe eines Elektromagneten eine Markiervorrichtung auf dem Schreibstreifen betätigt.

b) Phasenmesser nach Askania-Späth. Dieses Gerät[1] zur unmittelbaren Anzeige von Phasen macht sich die elektrischen Eigenschaften von Glimmlampen zunutze. Wird an eine solche Lampe eine genügend hohe elektrische Spannung gelegt, so tritt an der Kathode der etwa mit Neon gefüllten Lampe eine elektrische Glimmentladung auf. Diese Glimmentladung setzt fast trägheitslos ein, ebenso erlischt die Lampe so gut wie augenblicklich beim Wegnehmen der Spannung. Eine elektrische Glühlampe dagegen bedarf im Gegensatz hierzu einer beträchtlichen Zeit zum Aufleuchten und Erlöschen.

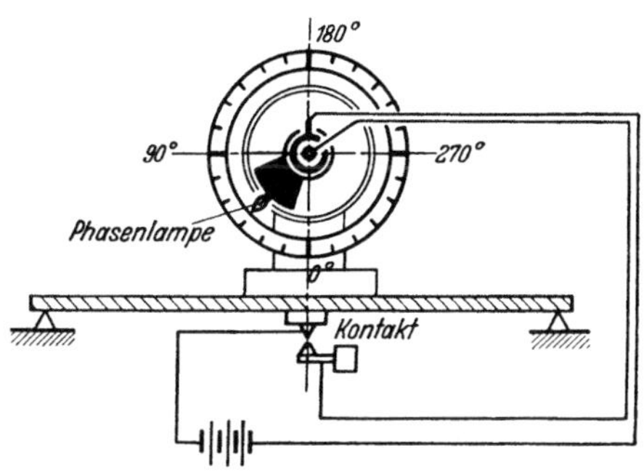

Abb. 25. Anordnung zur Messung der Phasenverschiebungen mit einer rotierenden Glimmlampe.

Eine solche Glimmlampe wird auf einer exzentrischen Masse des Schwingers befestigt, so daß sie mit dieser rotiert. Zu den Anschlüssen der Glimmlampe wird die nötige Spannung mit Hilfe zweier Schleifringe geführt. Als Zündspannung dient eine kleine Batterie von ca. 100 Volt (Anodenbatterie für Radiozwecke). Im Stromkreis dieser Batterie ist ferner eine Kontaktvorrichtung eingeschaltet, die die Spannung in Abhängigkeit der mechanischen Schwingungen steuert.

In Abb. 25 ist die Anordnung schematisch dargestellt. Wenn das elastische Gebilde etwa nach unten durchschwingt, so wird hierbei der Kontakt geschlossen, der so eingestellt wird, daß gerade in der tiefsten Stellung eine kurzzeitige Berührung erfolgt. An dem Aufleuchten der Glimmlampe erkennt man also die jeweilige Stellung der Schwungmassen in den Augenblicken, in denen die mechanische Schwingungsamplitude ihren größten Wert nach unten erreicht. Eine solche Zündung erfolgt bei jeder Umdrehung. Da diese Einzelzündungen entsprechend der Umdrehungszahl verhältnismäßig schnell folgen, entsteht für das Auge der Eindruck einer im Raum stillstehenden leuchtenden Marke, deren Lage an einer feststehenden Skala in Winkelgraden bequem abgelesen werden kann. Der an der Skala abgelesene Winkel, der durch die Glimmlampe angezeigt wird, gibt dann unmittelbar die Phasenverschiebung an, die zwischen der erregenden Kraft und dem hierdurch

[1] Späth, W.: Die Untersuchung von Schwingungserscheinungen durch Phasenmessungen. Elektrotechn. Z. 1933 S. 10. Der Apparat wird von der Firma Askania-Werke A.G., Bambergwerk Berlin-Friedenau, hergestellt.

erzeugten Ausschlag vorhanden ist. Dreht sich der Schwinger z. B. sehr langsam, so ist Kraft und Ausschlag in Phase und die Glimmlampe leuchtet in der Nähe des Skalenwertes Null auf. Wird jedoch die Umdrehungszahl des Schwingers in die Resonanz einreguliert, so wird von der Glimmlampe eine Phasenverschiebung von 90° angezeigt. Bei weiterer Steigerung der Drehzahl wandert die Leuchtmarke bis in die Nähe des Skalenwertes von 180°. Die Schwungmasse befindet sich jetzt in der höchsten Stellung, wenn die tiefste Durchbiegung erreicht wird. Man kann also in bequemer Weise das Wandern der Phase mit dieser Einrichtung verfolgen.

Die Arbeitsweise des Phasenanzeigers ist etwa mit derjenigen einer Stoppuhr zu vergleichen. Der Zeiger dieser Stoppuhr wird durch die rotierende Glimmlampe dargestellt, während die Stoppung selbst durch die Kontaktgebung und Aufleuchtung erfolgt. Dreht sich der Schwinger etwa 50 mal pro Sekunde, dann entspricht einer Umdrehung $^1/_{50}$ sec. Da der Radius des „Zifferblattes" ziemlich groß gewählt werden kann, etwa von der Größenordnung von 10 bis 20 cm, so lassen sich mit dieser einfachen Einrichtung leicht Zeitmessungen mit einer Genauigkeit von ca. $^1/_{1000}$ bis $^1/_{10000}$ sec ausführen.

Die in Abb. 25 angenommene Kontaktgebung zwischen einem festen und einem schwingenden Kontakt ist nur bei Vorhandensein eines festen Meßpunktes anwendbar. Wenn ein solcher fehlt, kommt eine Steuerung der Glimmlampe durch eine Einrichtung, die die mechanischen Schwingungen in elektrische Stromschwankungen umsetzt, in Frage. Diese Stromschwankungen werden in besonderen Transformatoren so umgeformt, daß sehr scharf ausgeprägte Spannungsspitzen entstehen, die zur Zündung der Glimmlampe dienen. Als Steuerorgan kommen z. B. Beschleunigungsmesser in Betracht, die den Vorteil einer phasengetreuen Spannungsanzeige besitzen.

§ 13. Sonstige Messungen.

a) Die Messung der Fortpflanzungsgeschwindigkeit. Wenn ein Schwinger auf einem Fundament, einer Bettung usw. aufgestellt und in Betrieb gesetzt wird, so pflanzen sich von der Erregerstelle elastische Schwingungen in die Umgebung als Erschütterungswellen fort. Je nach der Bodenbeschaffenheit können sich diese Erschütterungen noch mehrere hundert Meter im Umkreis um die Erregerstelle bemerkbar machen. Die nähere Untersuchung dieser Erscheinungen (§ 23) verlangt insbesondere auch die Messung der Fortpflanzungsgeschwindigkeit der verschiedenen Bodenwellen.

Diese Aufgabe ist durch Phasenmessungen zu lösen. Hierzu werden auf einem von dem Schwinger als Mittelpunkt gezogenen Radius einzelne Meßpunkte abgesteckt. Wird ein Steuerorgan, etwa ein Beschleunigungsmesser, an Stelle *1* Abb. 26 aufgestellt, so leuchte die Glimmlampe eines Phasenmessers, die mit dem Beschleunigungsmesser durch ein Kabel verbunden ist, bei dem Skalenwert *o* auf. Die zweite Stelle, deren Entfernung von der ersten Meßstelle L m betrage, gebe eine Phasenstellung, die um 90° gegenüber der ersten verschoben sei. Beträgt hierbei die Umdrehungszahl der Schwungmassen z. B. 50 Hz, so ist die Zeit zur Durcheilung der Strecke L m $1/_{200}$ sec. Hieraus ist dann ohne weiteres die Fortpflanzungsgeschwindigkeit, mit der die verschiedenen Wellen vorwärtsschreiten, zu berechnen.

Auf diese Weise lassen sich die Erscheinungen der Fortpflanzung elastischer Wellen untersuchen, wozu noch besondere Ausmessungen des Strahlungsfeldes an Reflexions-, Absorptions- oder sonstigen unhomogenen Schichten treten.

b) Die Messung von Schwingungsfiguren. Bei der Untersuchung größerer Bauwerke kann es wünschenswert sein, die räumliche Verteilung der Grund- und Oberschwingungen in ihrem ganzen Verlauf zu erfassen. Derartige Messungen kommen z. B. in Frage bei der Untersuchung der elastischen Schwingungen von Schiffskörpern, Luftschiffen usw.

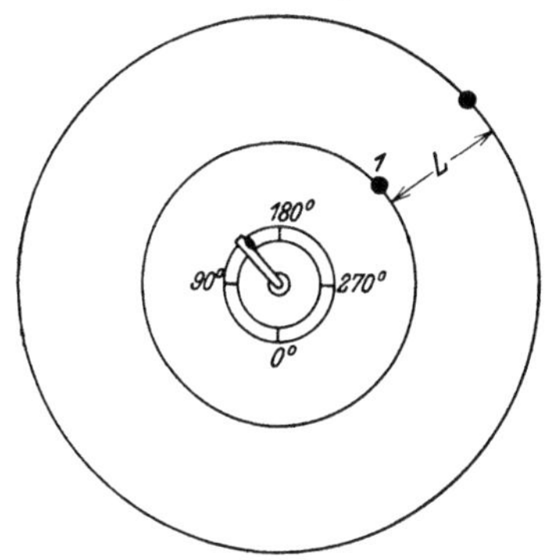

Abb. 26. Messung der Fortpflanzungsgeschwindigkeit elastischer Wellen.

Die Durchmessung erfolgt in der Weise, daß für verschiedene Drehzahlen des Schwingers die Schwingungsamplitude bzw. andere Schwingungsgrößen an mehreren über das Bauwerk verteilten Meßpunkten festgestellt werden. Wenn mehrere Meßgeräte zur Verfügung stehen, so können diese auf dem Bauwerk entsprechend verteilt werden. Andernfalls wird das zur Verfügung stehende Meßgerät zunächst an einer bestimmten Stelle befestigt, der Verlauf der Schwingungsgrößen in Abhängigkeit von der Umdrehungszahl des Schwingers festgestellt, worauf an der nächsten Meßstelle dieselben Messungen wiederholt werden usw. Die unbedingte Reproduzierbarkeit der Schwingungsgrößen durch den Schwinger verbürgt die jeweilige Wiederherstellung genau der gleichen Schwingungsverhältnisse.

c) Die Messung der Temperatur. Bei der Ausführung von Dauerversuchen an größeren Konstruktionsteilen ist die Überwachung durch Beobachtung der gefährdeten Stellen, wie Schweiß- und Nietverbindungen, sehr aufschlußreich. Jede Temperaturerhöhung im Verlaufe des Dauerversuches zeigt an, daß an der betreffenden Stelle Energieumsetzungen stattfinden, die ihre Ursache meist in einer beginnenden Zerstörung bzw. Lockerung und der damit verbundenen Reibung besitzen. So tritt bei Überbeanspruchung von Nietverbindungen eine merkliche Erwärmung auf, der im Laufe des Dauerversuches eine fortschreitende Zerstörung folgt.

Zur Messung der Temperaturerhöhung werden am einfachsten Thermoelemente benutzt, die an den zu beobachtenden Stellen befestigt werden. Die entstehende Spannungsdifferenz wird in der bekannten Weise durch Millivoltmeter gemessen. Häufig ist es wünschenswert, an mehreren Stellen die Temperatur über einen längeren Zeitraum zu verfolgen. Hierfür kommen registrierende Temperaturschreibe in Frage.

d) Die Messung der Setzung. Bei manchen Prüfungen ist auch di Messung der Setzung des Gebildes unter den dynamischen Kräften vo Interesse. Durch geeignete Nivellierinstrumente läßt sich die Absenkun einer markierten Stelle des Gebildes beobachten.

In anderen Fällen, insbesondere bei der Prüfung von Bettunger kann durch einen Galgen ein genügend fester Meßpunkt geschaffe werden, gegen welchen die Absenkung beobachtet wird[1].

V. Die Auswertung der Resonanzkurven.

§ 14. Ermittlung der kritischen Frequenzen.

a) Aus den Resonanzkurven. Wichtig sind zunächst diejenigen aus gezeichneten Frequenzen, bei denen die verschiedenen Schwingungs größen ihren Höchstwert erreichen. So gibt z. B. die Resonanzfrequen der Amplitude diejenige Frequenz an, bei welcher die größten Beanspru chungen herrschen, während bei der Resonanzfrequenz der Leistun die stärkste Energieaufnahme im Schwingungssystem auftritt. Dies verschiedenen Resonanzfrequenzen können den entsprechenden Re sonanzkurven ohne weiteres entnommen werden, sie sind von unmittel barem, technischem Interesse.

Von besonderer Bedeutung für die Erfassung der Bestimmungs stücke eines Schwingungssystems ist die kritische Frequenz ω_0, die be stimmt ist durch die Beziehung

$$\omega_0 = \sqrt{\frac{c}{m}}\,.$$

Diese Frequenz ω_0 entspricht der Eigenfrequenz der freien Schwingunge des Systems bzw. der Resonanzfrequenz erzwungener Schwingunge bei Abwesenheit von dämpfenden Einflüssen. Die den verschiedener praktisch aufgenommenen Resonanzkurven zu entnehmenden, beson deren Werte der Frequenz, für welche jeweils der Höchstwert der ge messenen Schwingungsgrößen erreicht wird, weichen von dieser Fre quenz ω_0 im allgemeinen etwas ab (vgl. § 5 und 7). Immerhin könne diese aus den jeweiligen Höchstwerten zu ermittelnden Frequenzwert mit der Eigenfrequenz ω_0 gleichgesetzt werden, solange die Resonanz kurven verhältnismäßig spitz verlaufen. Bei breiteren Resonanzkurve mit großer Dämpfung macht sich die Verschiebung der kritischen Fre quenzwerte der verschiedenen Schwingungsgrößen gegenüber der Fre quenz ω_0 bemerkbar. In diesem Fall kann durch Berücksichtigung de Dämpfung (§ 6 und 7) aus der Frequenz der Höchstwerte durch Rech nung die kritische Eigenfrequenz ω_0 ermittelt werden.

Zur Bestimmung der Eigenfrequenz ω_0 eines Schwin gungssystems nehme man eine Resonanzkurve der Ge schwindigkeit, Amplitude, Beschleunigung oder Leistun

[1] Über eine besondere Meßeinrichtung für Bodenprüfungen siehe S. 85, Fuß note 1, c.

auf. Die kritische Frequenz, für welche der Höchstwert dieser Resonanzkurven erreicht wird, ist bei geringer Dämpfung mit praktisch genügender Genauigkeit der gesuchten Eigenfrequenz ω_0 gleichzusetzen. Für größere Dämpfungen wird ω_0 durch Reduktion gefunden.

b) Aus der Phase. Die beschriebene Entnahme der kritischen Frequenzen aus den Resonanzkurven hat den prinzipiellen Nachteil, daß die Änderungsgeschwindigkeit der Schwingungsgrößen in der mehr oder weniger flach verlaufenden Resonanzkuppe verhältnismäßig klein ist, so daß die Bestimmung des Höchstwertes mit einiger Unsicherheit behaftet bleibt. Diese Schwierigkeit wird umgangen durch Ermittlung der kritischen Eigenfrequenz mit Hilfe von Phasenmessungen. Aus Abb. 13 erkennt man, daß die Phase gerade im Gebiet der Resonanz außerordentlich empfindlich ist. Eine geringe Veränderung der Frequenz hat hier eine sprunghafte Änderung der Phase zur Folge. Die kritische Eigenfrequenz ω_0 ist aus der Umdrehungszahl des Schwingers zu entnehmen, wenn die Phase zwischen erregender Kraft und Geschwindigkeit zu Null geworden ist, oder aber wenn diese zwischen erregender Kraft und Amplitude 90^0 beträgt. Besonders vorteilhaft hierbei ist der Umstand, daß, ganz unabhängig von Verschiebungen der Resonanzspitze infolge der Zunahme der erregenden Kraft des Schwingers mit der Frequenz, stets die kritische Eigenfrequenz ω_0 für die gekennzeichneten Phasenverhältnisse erhalten wird.

Steigere die Umdrehungszahl eines Schwingers so lange, bis eine Phasenverschiebung von 0^0 zwischen erregender Kraft und Geschwindigkeit, bzw. von 90^0 zwischen erregender Kraft und Amplitude sich einstellt. Die in diesem Augenblick abgelesene Umdrehungszahl des Schwingers ist unmittelbar die kritische Eigenfrequenz ω_0 des Schwingungssystems nach Multiplikation mit 2π.

§ 15. Ermittlung von Federkonstante und schwingender Masse.

a) Durch Differenzmessungen. Durch die Bestimmung der Eigenfrequenz ist das Verhältnis von Federkonstante und Masse gegeben. Um diese beiden Größen einzeln für sich zu erhalten, wird am einfachsten ein zweiter Resonanzversuch ausgeführt, wobei entweder die schwingende Masse oder die Federkonstante um einen bekannten Betrag vergrößert oder verkleinert wird. Aus der Veränderung der Eigenfrequenz, die durch eine solche in ihrer Größe bekannte Veränderung der Bestimmungsstücke hervorgerufen wird, können die Einzelwerte berechnet werden.

Meist wird die Veränderung durch Befestigung von Zusatzmassen bewirkt. Ist Δm die Größe dieser Zusatzmasse und ist die nach Anbringung dieser Zusatzmasse festgestellte, erniedrigte Eigenfrequenz ω_1, dann folgt

$$\omega_1 = \sqrt{\frac{c}{m + \Delta m}}.$$

Division der beiden Gleichungen für ω_0 und ω_1 liefert

$$\frac{\Delta m}{m} = \left(\frac{\omega_0}{\omega_1}\right)^2 - 1\,, \tag{41}$$

woraus m und damit auch c zu ermitteln sind.

Zur Bestimmung von m und c ermittle zuerst die Eigenfrequenz des Schwingungssystems. Vergrößere hierauf die schwingende Masse m durch eine bekannte Zusatzmasse Δm und bestimme die jetzt sich zeigende Eigenfrequenz. Aus diesen beiden Frequenzen ergibt sich m und auch c nach Formel (41).

Beispiel. Je nach den zu untersuchenden Schwingungssystemen wird sich Größe und Ausführung der Zusatzmasse richten. Bei der Untersuchung von Eisenbahnbrücken z. B. ist es am einfachsten, eine Lokomotive als Zusatzgewicht in die Mitte der Brücke aufzufahren. Die Abstimmung der unbelasteten Brücke (vgl. § 18, a) sei zu 3,68 Hz ermittelt, nach Auffahren der Lokomotive mit einem Gewicht von 60,9 t werde diese Abstimmung auf 3,22 Hz herabgedrückt. Hieraus läßt sich nach Formel (41) die schwingende Masse der Brücke, die also in Brückenmitte vereinigt zu denken ist, berechnen zu

$$m = 190\,\text{t}\,,$$

und die Federkonstante der Brücke ergibt sich zu

$$c = 102000\,\text{kg/cm}\,.$$

Es ist demnach in Brückenmitte eine Kraft von 102 t nötig, um eine Durchbiegung der Brücke von 1 cm hervorzurufen, wobei natürlich angenommen wird, daß die Elastizität in diesem Bereich sich nicht ändert.

Nun kann man, um dies noch zu erwähnen, auch die elastische Durchbiegung der Brücke unter ihrem eigenen Gewicht berechnen. Im vorliegenden Fall ergibt sich in Brückenmitte eine Durchbiegung von

$$a = \frac{190}{102} = 1{,}87\,\text{cm}\,.$$

b) Aus einem statischen und einem dynamischen Versuch. Die Federkonstante c läßt sich durch einen statischen Belastungsversuch ermitteln, wobei die einer bestimmten Belastung zugehörige Verformung gemessen wird. Im Anschluß hieran wird die kritische Eigenfrequenz durch einen dynamischen Versuch bestimmt, woraus dann ohne weiteres die Masse m zu berechnen ist. Voraussetzung ist hierbei, daß die Durchbiegungslinie des Schwingungssystems bei statischer Belastung derjenigen bei dynamischer Belastung entspricht.

Ermittle durch einen statischen Belastungsversuch die Federkonstante c. Durch einen anschließenden dynamischen Versuch wird die kritische Frequenz ω_0 bestimmt, die schwingende Masse wird dann gefunden aus

$$m = \frac{c}{\omega_0^2}\,.$$

c) Durch Grenzwertbestimmung. In § 7,c wurde gezeigt, daß die Amplitude eines Schwingungssystems unter einer mit der Frequenz quadratisch zunehmenden Erregerkraft nach Überschreitung der Resonanz einem ganz bestimmten Grenzwert zustrebt[1]. Dieser Grenzwert ergab sich zu

$$A_\infty = \frac{P_0}{m\,\omega_0^2}.$$

In dieser Formel sind P_0, also die Erregerkraft in Resonanz, dann die Eigenfrequenz ω_0 und, wie weiter unten gezeigt werden wird, auch A_∞ mit befriedigender Genauigkeit zu ermitteln, so daß die an den Schwingungen teilnehmende Masse sich berechnet zu

$$m = \frac{P_0}{A_\infty\,\omega_0^2}$$

und die Federkonstante

$$c = \frac{P_0}{A_\infty}.$$

Der kritische Wert, dem sich die Amplitude für sehr hohe Umdrehungszahlen des Schwingers nähert, entspricht somit dem Anfangswert der Amplitude

$$A_{stat} = \frac{P_0}{c},$$

den das Schwingungssystem unter einer statischen Belastung von der Größe P_0, entsprechend der in Resonanz vorhandenen Zentrifugalkraft, zeigen würde.

Zur Bestimmung des Grenzwertes der Amplitude ist aus technischen Gründen eine beliebig hohe Steigerung der Umdrehungszahlen des Schwingers allerdings nicht möglich. Man erkennt jedoch aus Abb. 15, daß schon von einer Frequenz von $2\,\omega_0$ an die Amplituden für alle drei Dämpfungsfälle annähernd gleich groß sind, daß also ein größerer oder kleinerer Reibungswiderstand keine Rolle mehr spielt. Durch Ausrechnung ergibt sich ein Unterschied der Amplituden für die Erregerfrequenz $2\,\omega_0$ für die in Abb. 15 zugrundegelegten Dämpfungswerte von nur noch 1%. Mit höher werdender Erregerfrequenz verschwindet dieser geringe Unterschied immer mehr.

Von einer Erregerfrequenz von $2\,\omega_0$ an ist also der Schwingungsausschlag im wesentlichen durch die Trägheit der Masse bestimmt, wozu ein restlicher Einfluß der Federung kommt. Dieser Einfluß der Federung tritt mit steigenden Erregerfrequenzen ebenfalls immer mehr zurück und kann ein für alle Male ermittelt werden.

Hierfür ergibt sich folgende kleine Tabelle:

ω/ω_0	2	3	4	5	6	7	8	9	10
Prozent des Endausschlags A_∞	133	112	107	105	103	102	102	101	101

[1] Voraussetzung hierfür ist natürlich, daß keine Oberschwingungen vorhanden sind bzw. diese genügend hoch über der Grundfrequenz liegen.

Bei einer Umdrehungszahl des Schwingers z. B. vom Vierfachen der Eigenfrequenz des Schwingungssystems zeigt sich demnach ein Ausschlag, der so gut wie unabhängig von der Dämpfung des Systems ist. Außerdem ist in diesem Fall der Trägheitswiderstand gegenüber diesen schnellen Erregerkräften ausschlaggebend, während der Einfluß des Federwiderstandes zurücktritt, und zwar bewirkt der restliche Federwiderstand noch eine Erhöhung des sich zeigenden Ausschlages gegenüber dem Grenzausschlag A_∞ um 7%.

Bestimme zunächst die Eigenschwingungszahl des Systems und entnehme aus dem Kräfteplan des Schwingers die dieser Eigenschwingungszahl entsprechende Erregerkraft P_0. Steigere hierauf die Umdrehungszahl des Schwingers auf ein möglichst hohes Vielfaches der Eigenschwingungszahl und messe den zugehörigen Schwingungsausschlag. Aus diesem Schwingungsausschlag ist der Grenzausschlag gemäß Tabelle S. 61 zu berechnen. Die Masse m und die Federkonstante c sind dann aus Gl. (37) zu ermitteln.

Beispiel. Die Eigenfrequenz einer Brücke sei gemäß dem Beispiel in § 18, a zu 3,68 Hz angenommen. Der für die Messung benutzte Schwinger sei so eingestellt, daß er bei dieser Umdrehungszahl eine Erregerkraft von 4000 kg liefere. Hierauf wird die Umdrehungszahl des Schwingers soweit wie möglich gesteigert und es werde etwa bei dem Dreifachen der Eigenschwingungszahl, also bei einer Umdrehungszahl von 11 Hz ein einseitiger Schwingungsausschlag der Brücke von 0,47 mm gemessen[1]. Da beim Dreifachen der Eigenfrequenz eine Überhöhung gegenüber dem Grenzausschlag von 12% vorhanden ist, berechnet sich der Grenzausschlag zu

$$A_\infty = 0{,}39 \text{ mm},$$

und damit ergibt sich

$$c = \frac{P_0}{A_\infty} = \frac{4000}{0{,}039} = 102\,000 \text{ kg/cm}$$

und

$$m = \frac{P_0}{A_\infty \cdot \omega_0^2} = 190 \text{ t}.$$

§ 16. Ermittlung der Dämpfung.

a) Aus der Resonanzkurve der Leistung. Zur Ermittlung der Dämpfung eines Schwingungssystems stehen mehrere Wege offen, die sich aus den Betrachtungen § 6, d ergeben. Zunächst soll die Entnahme der entsprechenden Dämpfungswerte aus der Resonanzkurve der Leistung besprochen werden, da dieser Weg wenigstens heute noch der üblichste ist.

---

[1] Wenn man auf andere Weise, etwa nach § 15, a m und c eines Schwingungssystems bestimmt hat, kann man umgekehrt aus dem Grenzausschlag die erregende Kraft ermitteln. Dies kommt etwa in Frage zur Messung der Kräfte, die von dem Triebwerk einer Lokomotive auf eine Brücke ausgeübt werden.

Vgl. ferner W. Späth: Kritisches zur Auswuchtfrage. Elektrotechn. Z. 1934.

Man nehme zunächst eine Resonanzkurve der Leistung auf und zeichne die Leerlauflinie ein, wie dies in Abb. 24 gezeigt ist. Um die eigentliche Schwingungsleistung zu bekommen, können für die verschiedenen Frequenzen die Abschnitte zwischen Resonanzkurve und Leerlaufleistung für sich aufgetragen werden. Diese Umzeichnung ist in Abb. 24 durchgeführt. Nunmehr wird die höchste Stelle A' der Resonanzkurve ermittelt und von dieser Spitze ein Lot auf die Abszissenachse gefällt. Das zwischen Spitze und Abszissenachse liegende Stück $A'D$ dieses Lotes wird halbiert und durch den Halbierungspunkt H' eine Parallele zur Abszissenachse gezogen. Diese Parallele schneidet die Resonanzkurve in zwei Punkten B' und C'. Von diesen beiden Punkten werden nun Lote auf die Abszissenachse gezogen, die dort zwei bestimmte Frequenzwerte bzw. Drehzahlen des Schwingers bestimmen. Damit sind die auf beiden Seiten der Resonanzkurve liegenden Frequenzwerte bestimmt, für welche die entsprechende Leistung auf die Hälfte der Resonanzleistung abgesunken ist.

Im allgemeinen erspart man sich die Umzeichnung der Leistungskurve und entnimmt der aufgenommenen Kurve ohne weiteres die entsprechenden Halbwertfrequenzen. Die Abszisse wird hierbei durch die Leerlauflinie ersetzt, so daß gemäß Abb. 24 durch den Halbierungspunkt H der Strecke AG eine Parallele zur Leerlauflinie gezeichnet wird. Diese schneidet die Leistungskurve wieder in zwei Punkten, B und C, deren Frequenzen durch Lotung auf die Abszissenachse zu ermitteln sind.

Ist die am Tachometer der Schwingungsprüfmaschine abgelesene Resonanzdrehzahl n_0, und ist die Differenz der für die Halbwertpunkte gefundenen Umdrehungszahlen Δn, so ist der Dämpfungswinkel nach Gl. (30)

$$\operatorname{tg} \varepsilon = Z = \frac{\Delta n}{n_0}$$

und das logarithmische Dekrement der Dämpfung

$$\vartheta = \pi \frac{\Delta n}{n_0}.$$

Nehme eine Resonanzkurve der Leistung auf, bestimme die Umdrehungszahl des Schwingers für den Höchstwert der Leistung, sowie die Umdrehungszahlen der zu beiden Seiten der Resonanzspitze liegenden Punkte, für welche die Schwingleistung auf die Hälfte der Resonanzschwingleistung abgesunken ist. Aus obigen Formeln sind dann die Dämpfungswerte zu berechnen.

Beispiel. Aus Abb. 24 ergibt sich z. B., daß die höchste Schwingleistung bei einer Umdrehungszahl von 2,78 erreicht wird, während die Differenz der Umdrehungszahlen der Halbwertspunkte sich zu 0,17 Hz ergibt. Daraus errechnet sich

$$\operatorname{tg} \varepsilon = 0{,}061\,.$$

Der Dämpfungswinkel beträgt also $3{,}4^0$, und das logarithmische Dekrement der Dämpfung ist $\vartheta = 0{,}19$.

b) Aus der Resonanzkurve der Geschwindigkeit. Auf ähnliche Grundlage beruht die Entnahme der Dämpfungswerte aus der Resonanz kurve der Geschwindigkeit. Nach Ermittlung der Resonanzfrequenz de Geschwindigkeit wird zu beiden Seiten der Resonanzkuppe die Frequen: gesucht, für welche die Geschwindigkeit auf das $\frac{1}{2}\sqrt{2} = 0{,}7$fache de Resonanzgeschwindigkeit abgesunken ist. Die Differenz dieser beide Frequenzen ergibt genau wie bei der Leistung die Berechnung de Dämpfungsgrößen.

Nehme eine Resonanzkurve der Geschwindigkeit auf bestimme die Resonanzfrequenz und die zu beiden Seite der Resonanzfrequenz liegenden Frequenzen, für welche di Geschwindigkeit auf das 0,7fache der Resonanzgeschwin digkeit abgesunken ist. Dann berechnen sich die Dämp fungswerte genau wie unter a.

c) Aus der Resonanzkurve der Amplitude. In § 6,f wurde abgeleitet daß die Vergrößerung der Amplitude durch die Resonanzwirkung, gegen über der statisch angenommenen Kraft derselben Größe, mit der Dämp fung zusammenhängt gemäß

$$F = \frac{\pi}{\vartheta} = \frac{1}{Z}\,.$$

Man kann daher zur Ermittlung der Dämpfung zunächst eine Resonanz kurve der Amplitude aufnehmen und hieraus den Höchstwert de Amplitude und zugleich die bei dieser Frequenz vom Schwinger ab gegebene Zentrifugalkraft bestimmen. Hierauf ist die Verformung de Schwingungssystems unter einer statischen Kraft der gleichen Größe zu messen. Das Verhältnis der Resonanzamplitude zu dieser statische Deformation entspricht dem Vergrößerungsfaktor, aus dem nach obige Formel die Dämpfungswerte sich ergeben.

Bestimme den Höchstwert der Amplitude aus einer ent sprechenden Resonanzkurve und die bei der Resonanzfre quenz vom Schwinger abgegebene Kraft P_0. Ermittle di Durchbiegung des Systems unter einer statischen Be lastung P_0. Das Verhältnis der Resonanzamplitude zur sta tischen Durchbiegung ergibt den Vergrößerungsfaktor, au dem die weiteren Dämpfungswerte zu berechnen sind.

Beispiel. Die einseitige Amplitude eines Schwingungssystems i Resonanz werde zu 10 mm bestimmt und die in der Resonanz vo Schwinger abgegebene Zentrifugalkraft sei 1000 kg. Wird das Schwin gungssystem nun mit einer statischen Kraft von 1000 kg, etwa hervor gerufen durch entsprechende Gewichte, belastet, und ergibt sich di Durchbiegung hierbei zu 1 mm, dann ist der Vergrößerungsfaktor 10 daraus ermittelt sich der Dämpfungswinkel zu $\varepsilon = 5{,}7^0$, und das loga rithmische Dekrement der Dämpfung ist

$$\vartheta = \frac{\pi}{F} = 0{,}314\,.$$

d) Aus Phasenmessungen. Es wäre wünschenswert, wenn der Mög lichkeit der Dämpfungsbestimmung durch Phasenmessungen sowohl a mechanischen als auch an elektrischen Schwingungssystemen mehr Beachtung geschenkt würde. Die theoretischen Grundlagen wurden in § 6, d besprochen.

Zur praktischen Durchführung wird zunächst die Eigenfrequenz ω_0 des zu untersuchenden Systems bestimmt, was ebenfalls durch Phasenmessung geschehen kann (§ 14, b). Hierauf wird die Umdrehungszahl des Schwingers auf das 0,62fache der Eigenfrequenz erniedrigt. Erfolgt die Steuerung des Phasenmessers durch die Maximalwerte der Amplitude, so ist der vom Phasenmesser angezeigte Winkel unmittelbar gleich dem gesuchten Dämpfungswinkel. Man kann ferner den Phasenwinkel zwischen Amplitude und Kraft beim 1,62fachen der Eigenfrequenz bestimmen, dann ist der Dämpfungswinkel gleich dem Supplement des abgelesenen Phasenwinkels.

Ähnliche Messungen sind auch bei Steuerung des Phasenmessers durch die Geschwindigkeit durchzuführen. Mißt man den entsprechenden Phasenwinkel zwischen erregender Kraft und Geschwindigkeit bei den Frequenzen 0,62 und 1,62 der Eigenfrequenz, so ist der Dämpfungswinkel jeweils das Komplement zum abgelesenen Phasenwinkel (vgl. Abb. 6).

Messe den Phasenwinkel zwischen erregender Kraft und Amplitude beim 0,62fachen der Eigenfrequenz. Der so bestimmte Phasenwinkel ist unmittelbar der gesuchte Dämpfungswinkel. Oder messe diesen Phasenwinkel beim 1,62fachen der Eigenfrequenz, das Supplement zum abgelesenen Phasenwinkel ist der gesuchte Dämpfungswinkel.

Messe den Phasenwinkel zwischen erregender Kraft und Geschwindigkeit beim 0,62- oder 1,62fachen der Eigenfrequenz. Das Komplement zum abgelesenen Phasenwinkel ist der gesuchte Dämpfungswinkel.

Beispiel. Ein Schwingungssystem besitze die Eigenfrequenz von 10 Hz. Hierauf wird die Umdrehungszahl des Schwingers auf 6,2 Hz gestellt, und es ergebe sich an einem Phasengerät ein Phasenwinkel von 10^0 zwischen erregender Kraft und Amplitude. Damit ist der gesuchte Dämpfungswinkel zu 10^0 bestimmt, und die weiteren Dämpfungswerte ergeben sich zu

$$Z = \operatorname{tg} \varepsilon = 0{,}176$$

und

$$\vartheta = \pi \operatorname{tg} \varepsilon = 0{,}55\,.$$

Ein zweiter Weg zur Bestimmung der Dämpfungswerte durch Phasenmessungen besteht darin, die beiden Frequenzen zu bestimmen, für welche die Geschwindigkeit der erregenden Kraft das eine Mal um 45^0 voreilt, das andere Mal um 45^0 nacheilt. Bei der Steuerung des Phasenmessers durch die Amplitude sind die Frequenzen zu bestimmen, bei denen die Amplitude der erregenden Kraft um 45^0 und 135^0 nacheilt. Aus dem Unterschied Δn dieser beiden Frequenzen berechnet sich der Dämpfungswinkel gemäß Formel (30) zu

$$Z = \frac{\Delta n}{n_0}\,.$$

Bestimme die beiden Umdrehungszahlen des Schwingers, bei welchen die Geschwindigkeit der erregenden Kraft um 45° vor- bzw. nacheilt, oder bei welchen die Amplitude der erregenden Kraft um 45° und um 135° nacheilt. Die Differenz dieser beiden Umdrehungszahlen läßt sofort nach obigen Formeln die Dämpfungswerte angeben.

Beispiel. Ein Schwingungssystem zeige eine Eigenschwingungszahl von 50 Hz. Die beiden Frequenzen, deren Phasenbedingungen oben angegeben sind, seien zu 45 und 55 Hz bestimmt, dann errechnet sich

$$Z = \frac{10}{50} = 0{,}2\,,$$

$$\varepsilon = 11{,}3^0.$$

Die Vorteile dieser Dämpfungsbestimmungen durch Phasenmessungen sind außerordentlich vielseitig. Zunächst sind die Phasenmessungen und damit auch die Dämpfungsmessungen sehr genau durchzuführen. Rechnungen und Auswertungen fallen weg, die gerade die sonst üblichen Dämpfungsmessungen so langwierig machten. Der Phasenwinkel ist ferner unabhängig von den besonderen Versuchsbedingungen. Insbesondere haben irgendwelche Verschiebungen der Resonanzkurven der verschiedenen Schwingungsgrößen infolge des Einflusses der Dämpfung selbst oder aber infolge einer Abhängigkeit der erregenden Kraft von der Frequenz keinen Einfluß auf die Messung, da die Phase lediglich von dem Operator des Widerstandes abhängig ist.

Die unmittelbare Anzeige der Dämpfung ermöglicht ferner eine einfache Verfolgung ihrer Abhängigkeit von besonderen Faktoren. So kann durch allmähliche Steigerung der Erregerkraft in einfachster Weise die Zunahme der Dämpfung ermittelt werden.

Zweiter Teil.

Praktische Anwendungen.

Nachdem im ersten Teil die wichtigsten Fragen, die im Zusammenhang mit dynamischen Schwingermessungen auftreten, besprochen wurden, soll im zweiten Teil auf die praktische Durchführung und Auswertung solcher Messungen an Hand von Beispielen näher eingegangen werden.

Bei der schnellen Entwicklung, in der sich die messende Dynamik heute befindet, kann es sich hier nicht darum handeln, eine abgeschlossene Darstellung der auf den verschiedenen Gebieten erzielten Fortschritte zu geben. Die folgenden Ausführungen sollen lediglich beispielhaft zeigen, in welcher Weise Schwingermessungen zur Lösung praktischer Fragen angesetzt werden können. Die an einer Reihe von Forschungsstellen des In- und Auslandes unternommenen wissenschaftlichen und systematischen Untersuchungen lassen abschließende Erkenntnisse mannigfaltiger dynamischer Vorgänge in technischen Systemen erhoffen.

Im wesentlichen wird auf drei Einzelgebiete näher eingegangen werden, und zwar auf die Dynamik von Brücken, von Schiffen und auf die Dynamik des Erdbodens. Im Anschluß daran wird auf eine Reihe weiterer Anwendungsgebiete kurz hingewiesen.

Es wird sich im folgenden ferner Gelegenheit finden, auf einige Konstruktionen von Schwingungsprüfmaschinen für die verschiedenen Zwecke einzugehen[1]. Die Maschinen werden von der Firma Losenhausenwerk A.G. Düsseldorf nach Lizenz Späth hergestellt[2].

VI. Dynamische Messungen an Brücken.

Ein besonders interessantes Anwendungsgebiet für Schwingungsmessungen, das eine Fülle von wichtigen Fragen bietet, ist die Brückendynamik. Im wesentlichen lassen sich drei Aufgaben unterscheiden. Zunächst handelt es sich um die allgemeine dynamische Untersuchung von Brücken, mit dem Ziel, die dynamischen Eigenschaften der Brücken in Kennziffern festzulegen. Diese Kennziffern geben eine sichere Grundlage zur Beurteilung der Güte einer Konstruktion. Sie sind ferner von Bedeutung für die Erfassung der Rückwirkung der Brücke gegenüber den dynamischen Zusatzkräften bei der Überfahrt eines Zuges, und bilden die unerläßliche Vorbedingung für eine Klärung aller Fragen, die mit der sogenannten Stoßzahl zusammenhängen.

Durch regelmäßig ausgeführte Terminmessungen in bestimmten Zeitabständen lassen sich ferner aus der Veränderung der mit großer Genauigkeit festzustellenden dynamischen Kennziffern Rückschlüsse auf den Bauzustand ziehen, so daß etwaige den Betrieb gefährdende Veränderungen rechtzeitig aufgedeckt werden.

Der dritte Fragenkreis umfaßt die Untersuchung der Dauerfestigkeit der Brückenüberbauten. Mit verhältnismäßig geringem Aufwand können durch Schwingungsprüfmaschinen ganze Überbauten einer eingehenden Prüfung unterworfen werden, wobei heute besonders die Frage der Werkstoffe im Brückenbau und die Frage der Ausbildung der Anschlüsse durch Nieten und Schweißen im Vordergrund des Interesses stehen.

Dank der Initiative von Geheimrat Dr. Schaper, Direktor der Deutschen Reichsbahn, stehen schon heute eingehende und richtungweisende Erfahrungen über die verschiedenen im Brückenbau auftretenden dynamischen Probleme zur Verfügung. Diese Untersuchungen haben ihren Niederschlag in einer von R. Bernhard und Homann bearbeiteten, zusammenfassenden Darstellung gefunden[3].

---

[1] Späth, W.: Neuere Schwingungsprüfmaschinen. Z. VDI 1931 S. 83; Schwingungsprüfmaschinen für Sonderzwecke. Z. VDI Bd. 76 (1932) S. 348; Schwingungsprüfmaschinen in der Elektrotechnik. Elektrotechn. Z. Bd. 54 (1933) S. 519.

[2] Um die Konstruktion der Schwingungsprüfmaschinen machten sich die Herren Beierlein, Horch, Sonntag, Tonne sehr verdient, ferner sei die tatkräftige Mithilfe des Elektromeisters Müller auf dem Versuchsfeld mit Dank erwähnt.

[3] Mechanische Schwingungen der Brücken, Leitfaden zum Verständnis der dynamischen Wirkungen der Verkehrslast. Berlin: Verlag der Verkehrswissenschaftlichen Lehrmittelgesellschaft m. b. H. bei der Deutschen Reichsbahn 1933.

Im folgenden sei ausführlicher auf die Besprechung der Auswertung praktischer Brückenmessungen eingegangen, da die hier gewonnenen Erkenntnisse sinngemäß auch auf zahlreiche andere Anwendungsgebiete zu übertragen sind.

§ 17. Schwinger für Brückenuntersuchungen[1].

Zunächst seien einige Typen von Schwingungsprüfmaschinen für Brückenmessungen beschrieben. Zur Anstellung allgemeiner Untersuchungen an Brücken nicht zu großer Spannweite sind verhältnismäßig kleine, tragbare Schwinger ausreichend. In § 24 werden einige normalisierte Schwinger beschrieben, die auch für Brückenmessungen in Frage kommen.

Abb. 27. Fahrbarer Schwinger für allgemeine Brückenuntersuchungen.

a) Universalschwinger. Der Wunsch nach möglichst umfassenden Messungen an Eisenbahnbrücken unter Verwendung von erregenden Kräften, die den tatsächlich beim Befahren

Abb. 28. Schwinger für Zerstörungsversuche.

einer Brücke durch einen Zug auftretenden dynamischen Zusatzkräften gleichkommen, führte zur Entwicklung der Einrichtung Abb. 27.

Diese Maschine ist eingerichtet zur Ausübung von periodischen Kräften und Momenten in drei aufeinander senkrechten Richtungen, insbesondere können mit ihr außer den senkrechten Schwingungen auch solche quer zur Brückenachse (Windverbände), sowie Torsionsschwingungen um die Brückenlängsachse erzeugt werden.

[1] Späth, W.: Monatsschrift der Intern. Eisenbahn-Kongreß-Vereinigung (Deutsche Ausgabe) Bd. 2 (1931) S. 771; Contribution à l'étude du problème des oscillations. Abhandlungen d. Intern. Vereinigung für Brückenbau und Hochbau Bd. I S. 467. Zürich 1932. Bernhard, R.: Die neuen Brückenmeßwagen der Deutschen Reichsbahn-Gesellschaft. Bautechn. 1931 Heft 1.

Die Maschine besteht aus einem stabilen, schmiedeisernen Wagen, der mit Puffern und Sicherheitskupplungen versehen ist. Ein Spezialmotor treibt über entsprechende Rädervorgelege insgesamt 8 Schwungmassen an, von denen sich je zwei auf einer Seite befinden. Die beiden Schwungmassen an jeder Wagenseite drehen sich gegenläufig und können einzeln für sich auf eine beliebige Exzentrizität eingestellt werden.

Die Maschine wird von dem der Brücke nächstgelegenen Bahnhof auf eigenen Rädern zur Brücke gefahren und in Brückenmitte befestigt. Die Befestigung erfolgt durch Keile und Gleisgreifer. Die Federung des Wagenkastens kann in Arbeitsstellung ausgeschaltet werden.

Sämtliche Bedienungs- und Ableseorgane sind auch für Fernsteuerung einzurichten, so daß die Durchführung einer Messung von einem geschlossenen Wagen, der abseits der Brücke aufgestellt wird, erfolgen kann. Damit ist eine weitgehende Unabhängigkeit von Einflüssen der Witterung erzielt, die bei solchen Messungen sehr erwünscht ist.

b) Schwinger für Zerstörungsversuche. Zur Ausführung von Dauerversuchen an Versuchsbrücken dient der Schwinger nach Abb. 28.

	Weserbrücke Überbau St. 37		Weserbrücke Überbau St. 48		Oranienburger Brücke	Donaubrücke bei Wien
	ohne Lok.	mit Lok.	ohne Lok.	mit Lok.		
Zentrifugalkraft des Schwingers	525 kg	525 kg	525 kg	525 kg	250 kg	500 kg
Abstimmung	3,44 Hz	2,99 Hz	3,68 Hz	3,22 Hz	6,5 kg	2,78 kg
Log. Dekrement der Dämpfung	0,078	0,053	0,112	0,112	0,22	0,19
Tangens des Dämpfungswinkels ε	0,025	0,018	0,035	0,035	0,07	0,06
Dämpfungswinkel ε	1,4°	1,0°	2,04°	2,04°	4,0°	3,4°
Verbrauchte Leistung	440 W	210 W	240 W	135 W	160 W	270 W
Schwingende Brückenmasse	190 t	—	190 t	—		
Federkonstante	89 t/cm	—	102 t/cm	—		
Aufschaukelzeit	9 sec	15 sec	5,6 sec	5,6 sec	1,6 sec	
Vergrößerungsfaktor	40	60	28	28	14,5	
Aufschaukelkraft in Resonanz	21 t	31,5 t	14,8 t	14,8 t	3,6 t	
Elastische Durchbiegung unter dem Eigengewicht der Brücke	2,13 cm	—	1,9 cm	—		
Errechnete Schwingungsamplitude in Resonanz	0,24 cm	0,35 cm	0,135 cm	0,145 cm		

In einem kräftigen Stahlgußrahmen sind zwei schwere Schwungmassen gelagert, die gemäß Abb. 22 ausgebildet sind. Die jeweilige Exzentrizität kann durch eine auf das Getriebe schaltbare Handkurbel eingestellt werden. Die Schwungmassen werden durch zwei Motore von je 8 kW Leistung über ein Zahnradgetriebe gegenläufig in Umdrehung versetzt. Ein Kontroller zur Einstellung der Umdrehungszahl, ein Tachometer und ein Wattmeter zur Bestimmung der verbrauchten elektrischen Leistung vervollständigen die Prüfeinrichtung.

Die höchstzulässige Umdrehungszahl beträgt 12 Hz, die maximal ausübbare Zentrifugalkraft beläuft sich auf 10000 kg.

§ 18. Einige Meßergebnisse an Brücken.

a) Allgemeine Untersuchungen. Zur Veranschaulichung der Verhältnisse an Brücken seien die Ergebnisse dynamischer Messungen an einigen Eisenbahnbrücken in Tabelle S. 69 zusammengestellt.

Zunächst werden die dynamischen Kennwerte angeführt, die

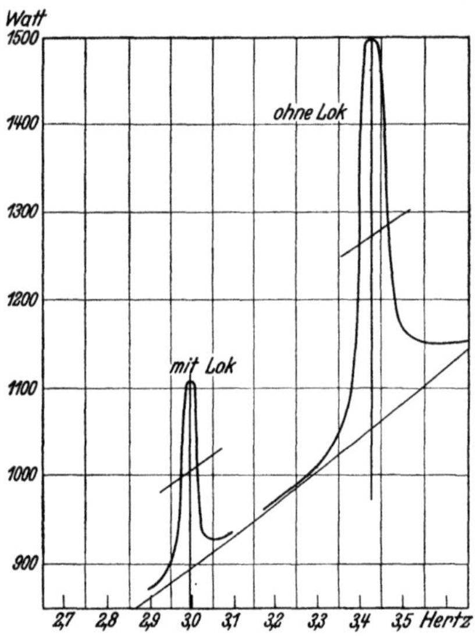

Abb. 29. Resonanzkurven der Leistung mit und ohne Lokomotive (Weserbrücke bei Vlotho, Spannweite 71 m, alter Überbau).

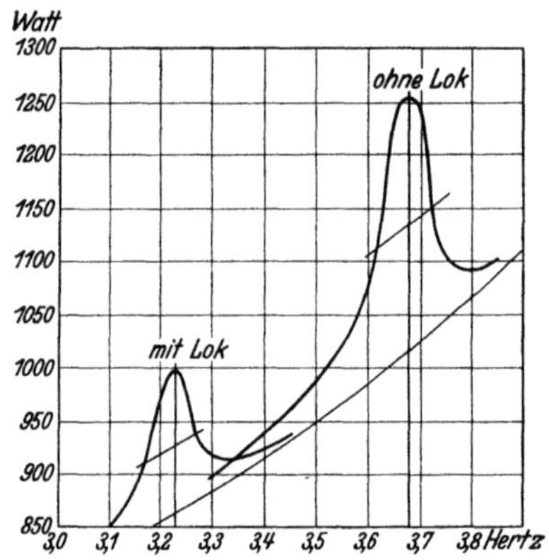

Abb. 30. Resonanzkurven der Leistung mit und ohne Lokomotive (Weserbrücke bei Vlotho, Spannweite 71 m, neuer Überbau).

an zwei nebeneinander liegenden, eingleisigen Eisenbahnbrücken über die Weser mit je vier Überbauten gewonnen wurden[1]. Die einzelnen Überbauten sind als Träger auf zwei Stützen ausgebildet und besitzen eine Spannweite von 71 m. Der aus dem Jahre 1909 stammende Überbau stromabwärts ist in St. 37, der neuere 1927 fertiggestellte Überbau in St. 48 ausgeführt. Die an den beiden Überbauten aufgenommenen Resonanzkurven der Leistung sind in Abb. 29 und 30 dargestellt. Für jeden Überbau wurden hierbei zwei Messungen gemacht, einmal im

[1] Bernhard, R., u. Späth, W.: Rein dynamisches Verfahren zur Untersuchung der Beanspruchung von Bauwerken. Stahlbau Heft 6; Beilage zur Bautechn. 1929 S. 61.

unbelasteten Zustand und im Anschluß daran bei Belastung durch eine Belastungslokomotive (Eigengewicht 60,9 t).

Die Tabelle enthält ferner die Meßergebnisse an einer kleinen Brücke bei Oranienburg (Abb. 31) mit einer Spannweite von 25 m und einer Donaubrücke bei Wien, die eine Spannweite von 80 m aufweist (Abb. 24).

Die Tabelle zeigt, daß durch dynamische Messungen eine Fülle von charakteristischen Kennwerten für Brücken zu erhalten sind, die gegenüber den Ergebnissen einfacher, statischer Belastungsversuche eine wesentliche Bereicherung bedeuten. Alle Betrachtungen der Brückentechnik sind daher auf eine breitere Grundlage gestellt, da nun an Stelle von vagen Vermutungen oder mehr oder weniger angenäherten Rechnungen genaue Meßwerte treten. Es würde zu weit führen, auf alle Einzelfragen einzugehen, in dieser Hinsicht muß auf die Literatur verwiesen werden. Im folgenden wird auf zwei besonders wichtige Einzelfragen des Brückenbaus näher eingegangen.

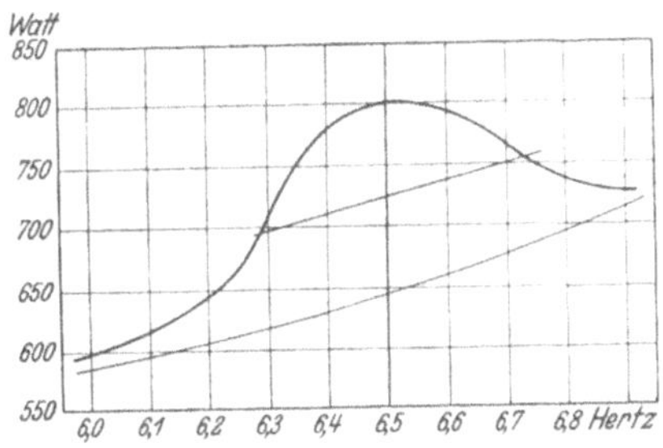

Abb. 31. Resonanzkurve der Leistung (Eisenbahnbrücke bei Oranienburg, Spannweite 25 m).

b) Dauerversuche und Terminmessungen. Wie in § 2, b gezeigt wurde, kann unter Ausnutzung der Resonanzwirkung eine Dauer-

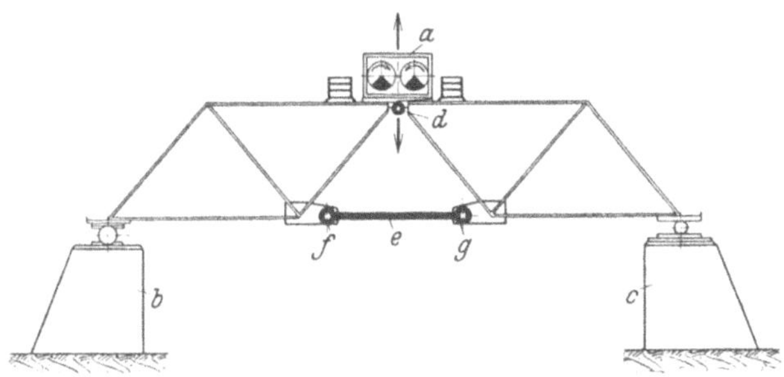

Abb. 32. Schwingbrücke.

prüfung naturgroßer Konstruktionen durch Wechselbeanspruchung bis zum Bruch erfolgen. Solche Untersuchungen sind heute von besonderer Wichtigkeit, da die verwickelten Fragen der Festigkeit von Bauwerken gegenüber Wechselbeanspruchungen nur durch Versuche an naturgroßen Gebilden vollständig geklärt werden können.

Nach dem Vorgang der Deutschen Reichsbahn[1,2] wird zur Ausführung solcher Dauerversuche der zu prüfende Überbau auf zwei

[1] Bernhard, R.: Dauerversuche an genieteten und geschweißten Brücken. Z. VDI Bd. 73 (1929) S. 1675. Die Abb. 33 und 34 sind dieser Arbeit mit freundlicher Erlaubnis des Verfassers entnommen.

[2] Schaper, G.: Die Dauerfestigkeit der Schweißverbindungen. Z. VDI Bd. 77 (1933) S. 556.

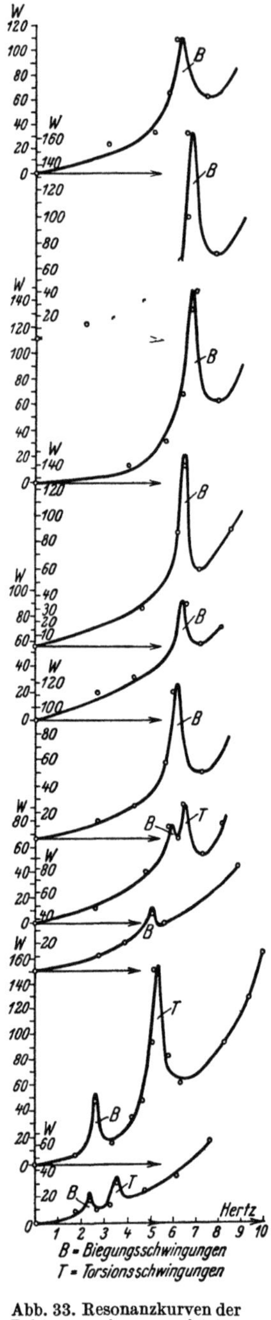

Abb. 33. Resonanzkurven der Leistung einer genieteten Brücke im Verlaufe eines Dauerversuches.

schwere Fundamente gestellt und durch eine in der Brückenmitte aufgestellte Maschine in Schwingungen versetzt. Die etwa nötigen Vorlasten können durch Gewichte, etwa Schienenstapel, erhalten werden.

Eine zweite Anordnung der Technischen Hochschule Dresden (Prof. Dr. Gehler) sieht eine besondere Schwingbrücke vor, in deren Obergurt ein Gelenk angebracht ist, wobei das zu untersuchende Versuchsstück im Untergurt jeweils eingebaut wird (Abb. 32).

Die im Laufe der Dauerversuche sich einstellenden Veränderungen werden hierbei durch Aufnahme von Resonanzkurven festgestellt. Auf diese Weise sind bei der Durchführung solcher Dauerversuche gleichzeitig Erfahrungen über die Auswirkung von Schädigungen und Veränderungen in den Resonanzkurven zu sammeln. Bei der Versuchseinrichtung der Deutschen Reichsbahn stand zur Aufnahme dieser Resonanzkurven ein kleinerer Schwinger zur genauen Aufnahme der Resonanzkurven zur Verfügung, während zur Ausübung der Belastungsimpulse ein großer Arbeitsschwinger dient. Die Versuche wurden in der Weise angestellt, daß zunächst eine Resonanzkurve mit dem kleinen Meßschwinger aufgenommen wird. Hierauf tritt während einer bestimmten Zeit der große Schwinger in Tätigkeit. Nach Abschalten des großen Schwingers wird erneut eine Resonanzkurve aufgenommen, woran sich wiederum eine bestimmte Schüttelzeit anschließt usf. In dieser Weise wird jeweils in den Arbeitspausen der Zustand des Überbaues durch Resonanzkurven erfaßt[1].

Aus den Messungen der Reichsbahn seien einige Resultate wiedergegeben[2]. Die mit der Meßmaschine erhaltenen Resonanzkurven sind in Abb. 33 dargestellt.

---

[1] Bei der Durchführung solcher Untersuchungen ist darauf zu achten, daß infolge der großen und verhältnismäßig schnellen Belastungswechsel kräftige Erschütterungen sich von der Versuchseinrichtung im Boden fortpflanzen, die in benachbarten Häusern in einer Entfernung von mehreren hundert Metern beim Zusammentreffen ungünstiger Umstände noch beträchtliche Störungen hervorrufen können.

[2] Bernhard, S. 71.

Zunächst erfolgt, anscheinend durch das Einrütteln, eine leichte Steigerung der Resonanzdrehzahl, dann zeigt sich im Verlaufe von 50000 Schwingungen, entsprechend einer Versuchszeit von 2½ Stunden ein allmähliches Abfallen der Resonanzfrequenz, hervorgerufen durch eine Lockerung der Nietverbindungen. Eine nach 10stündigem Dauerversuch eingeschaltete Ruhepause von 14 Stunden Dauer hatte ein erneutes Ansteigen der Eigenfrequenz zur Folge.

Die im weiteren Verlauf des Dauerversuchs eintretenden Brucherscheinungen prägten sich erwartungsgemäß in den Resonanzkurven durch ein sprunghaftes Abfallen der Resonanzfrequenzen aus. Die Brüche gingen hierbei ausnahmslos durch die ersten Nietlöcher der Knotenblechanschlüsse.

Die gegen Versuchsende auftretende zweite Spitze der Frequenzleistungskurven ist einer Verdrehungsschwingung zuzuschreiben, die bei Beginn des Versuches verhältnismäßig hoch lag und infolge des zentrischen Kraftangriffs nicht erregt wurde. Die Frequenz dieser Torsionsschwingung wird durch das Auftreten von Brüchen ebenfalls erniedrigt, außerdem tritt nunmehr eine stärkere Torsionserregung durch das unsymmetrische Verhalten der Brücke ein, da die beiden Träger ungleichmäßig sich durchbiegen[1].

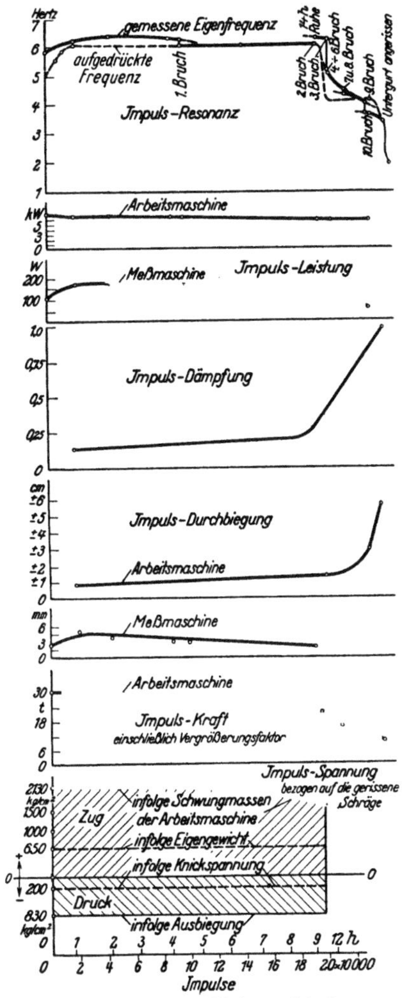

Abb. 34. Verlauf verschiedener Schwingungsgrößen einer genieteten Brücke während eines Dauerversuches.

In Abb. 34 sind die aus den Resonanzkurven sich ergebenden Einzelwerte zusammengefaßt. Im oberen Schaubild ist nochmals der Verlauf der gemessenen Eigenfrequenz in

[1] „Die nach Eintreten von Brüchen in den Querverbänden infolge fehlender Quersteifigkeit auftretende, tief liegende Verdrehungsschwingung konnte deutlich mit bloßem Auge beobachtet werden. Es geht daraus die wichtige Aufgabe der Querverbindungen hervor, die nicht nur zur einfachen Übertragung von Lasten, sondern durch ihre versteifende Wirkung auch zum Ausgleich der Kräfte in beiden Hauptträgern dienen" (Bernhard). Besonders durch zweizylindrige Dampflokomotiven, deren Triebwerke neben einer Einzelkraft auch beträchtliche Momente um die Lokomotivlängsachse erzeugen, können diese Torsionsfrequenzen einer Brücke erregt werden.

Abhängigkeit von der Versuchsdauer aufgetragen. In dem nächsten Schaubild sind die Motorleistungen in Resonanz aufgetragen. Die folgende Kurve zeigt das Ansteigen der Dämpfung. Des weiteren ist die Durchbiegung der Brücke gezeichnet. Gegen Versuchsende betrug die Auslenkung bei einer periodischen Kraft von 10 t rund 5,5 cm, während im Anfang bei 30 t diese Auslenkung nur 1 cm betrug.

Das nächste Diagramm zeigt die entsprechende Abnahme der wirksamen Kraft im Laufe des Dauerversuches, die durch Vergrößerung des Produktes MR des benutzten Schwingers in diesem Fall nicht ausgeglichen werden konnte.

Aus den Abb. 33 und 34 ist zu entnehmen, daß sich Veränderungen im Zustand eines Bauwerkes in den Resonanzkurven und den diesen zu entnehmenden Einzelwerten bemerkbar machen. Wie in Zukunft derartige Terminmessungen praktisch auszuwerten sind, muß die Erfahrung zeigen. Da es sich hierbei um Zeiträume von Jahren handelt, kann hierüber noch nichts mitgeteilt werden.

Immerhin steht fest, daß ein Bauwerk, das gegenüber der letzten Untersuchung ein unverändertes Aussehen der Resonanzkurve zeigt, auch seinen Zustand nicht geändert haben kann und damit seine Aufgabe weiter erfüllen wird. Wenn aber andererseits bei einer solchen Terminmessung eine merkliche Veränderung der Gestalt und Lage der Resonanzkurve sich zeigt, so ist damit jedenfalls ein Anhaltspunkt geschaffen, der betreffenden Brücke besondere Aufmerksamkeit zu schenken. Die dynamische Messung kann hierbei nicht ohne weiteres die Art der Schädigung angeben, dies muß eingehenderen Beobachtungen und Besichtigungen der Knotenanschlüsse usw. vorbehalten werden. Auf jeden Fall können aber Brücken und andere Bauwerke durch einfach durchzuführende und unter unbedingt gleichartigen Bedingungen zu wiederholende dynamische Terminmessungen unter Kontrolle gehalten werden, was für praktische Verhältnisse einen wesentlichen Fortschritt bedeutet[1].

Interessant ist ferner die Beobachtung des Einflusses von nachträglichen Verstärkungen auf die dynamischen Kennwerte, zu deren Verfolgung vor und nach der Ausführung der Verstärkungsarbeiten entsprechende dynamische Messungen angestellt werden[2]. Hierbei ergibt sich eine mehr oder weniger starke Erhöhung der Eigenschwingungszahl, verbunden mit einer Vergrößerung der schwingenden Masse und auch eine Veränderung der Dämpfung.

§ 19. Brückentechnische Fragen, Stoßzahl.

Die ständig zunehmende Belastung der Brücken, die Vergrößerung der Geschwindigkeit, die Verwendung neuer Werkstoffe und die Vergrößerung der Spannweiten verlangen besondere Berücksichtigung der

---

[1] Inwieweit Einflüsse der Witterung gewisse unbedenkliche Veränderungen der Resonanzkurven verursachen, kann ebenfalls nur die Erfahrung zeigen. Hierfür kommen in Frage etwa der Einfluß der Temperatur (Sommer — Winter), der Zustand der Fundamente (trocken, feucht, gefroren) usw.

[2] Bernhard, R.: Elektroschweißg. 1932 Heft 1.

dynamischen Zusatzbeanspruchungen, die während der Überfahrt eines Zuges entstehen. Durch einen Zuschlag zur statischen Last, meist „Stoßkoeffizient" oder „Stoßzahl" genannt, soll dem Auftreten von dynamischen Belastungsspitzen Rechnung getragen werden. Die richtige Wahl dieses Stoßkoeffizienten in Abhängigkeit von den verschiedenen Bedingungen ist heute eine grundlegende Aufgabe der Brückentechnik[1]. Auch in dieser Hinsicht können Schwingungsprüfmaschinen gute Dienste leisten. Da derartige Fragen nicht nur im Brückenbau, sondern in vielen anderen technischen Zweigen auftreten, sei etwas näher hierauf eingegangen.

a) Beobachtungen. Bisher hat man zur Klärung hauptsächlich die bei der Überfahrt eines Zuges entstehenden Beanspruchungen durch entsprechende Meßgeräte zu erfassen gesucht, um aus den so gewonnenen Belastungsdiagrammen Rückschlüsse auf die dynamischen Zusatzbelastungen zu ziehen[2]. Die Auswertung dieser Diagramme ist jedoch nicht einfach. Ihre Aussage ist außerdem auf den jeweils vorhandenen Belastungsfall beschränkt. Immerhin zeigen diese Diagramme, daß die wichtigste Frage der Brückendynamik diejenige der Resonanzfähigkeit der ganzen Brücke oder auch deren Einzelteile ist. Es besteht ferner kein Zweifel darüber, daß besonders die Massenkräfte der unausgeglichenen Triebwerke von Dampflokomotiven mit ihren regelmäßigen periodischen Einwirkungen auf die Fahrbahn für das Auftreten von Resonanzerscheinungen verantwortlich zu machen sind. In dieser Hinsicht sehr anschauliche Diagramme sind in dem Report of the Bridge Stress Committee[3] enthalten, z. B. in Abb. 1, S. 21, die der Einfachheit halber mit gütiger Erlaubnis des Verlags hier als Abb. 35 wiedergegeben ist[4].

Die Diagramme zeigen die Durchbiegungen der Newark Dyke-Brücke bei der Überfahrt einer Versuchslokomotive, wobei die Überfahrtgeschwindigkeit schrittweise gesteigert wird, angefangen von 2,14 U/s der Triebräder der Versuchslokomotive bis zu 6,20 U/s. In alle Diagramme ist ferner die Durchbiegung für eine Kriechfahrt eingetragen, die durch eine so langsame Geschwindigkeit gekennzeichnet ist, daß die dynamischen Erscheinungen zu vernachlässigen sind.

[1] Hort, W.: Stoßbeanspruchungen und Schwingungen der Hauptträger statisch bestimmter Eisenbahnbrücken. Bautechn. 1928 S. 37. Homann: Probleme der Brückendynamik. Vorbericht Kongreß Paris 1932 der Int. Vereinig. für Brückenbau und Hochbau S. 429. Ergebnisse der experimentellen Brückenuntersuchungen in der USSR. Sammelheft XXII der Abteilung für Ingenieuruntersuchungen, Moskau, Transpetschat 1928, redigiert von N. Streletzky. Bühler, A.: Druckschrift z. Int. Kongreß für Brückenbau u. Hochbau, Zürich 1926. Goodier, J. N.: Vibrations of Railway Bridges. Trans. Amer. Soc. mech. Engr., Applied Mechanics. Dez. 1930.

[2] Geiger: Dynamische Untersuchungen an Brücken. Bauing. 1924 Heft 19.

[3] Report of the Bridge Stress Committee, published under the authority of His Majesty's stationary officer, London 1928.

An diesen Bericht hat sich eine lebhafte Diskussion angeschlossen. Vgl. Engineering 1929 S. 143, 287, 312, 363, 435, 615, 672, 723, 764.

[4] Weitere Brückenbelastungsdiagramme bei R. Bernhard: Beitrag zur Brückenmeßtechnik. Stahlbau, Beilage zu Bautechn. Bd. 1 (1928) S. 145. Bernhard, R., u. Homann: Siehe S. 67.

Die Brücke hat eine Spannweite von 262 ft 6 in (ca. 80 m). Im unbelasteten Zustand zeigt sie eine Eigenschwingungszahl von 2,86 Hz, bei Belastung mit der Versuchslokomotive, deren Eigengewicht 107,65 t

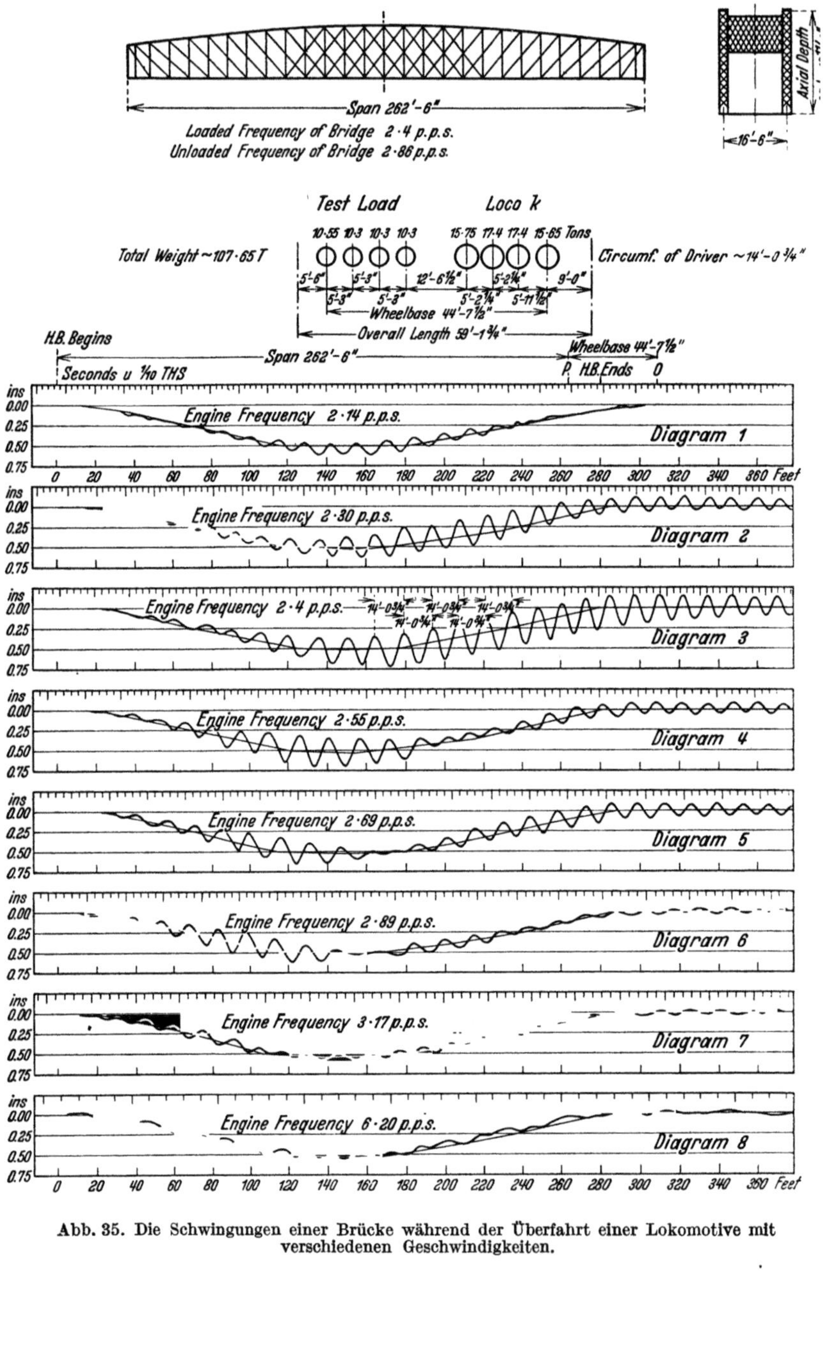

Abb. 35. Die Schwingungen einer Brücke während der Überfahrt einer Lokomotive mit verschiedenen Geschwindigkeiten.

beträgt, sinkt diese Eigenschwingungszahl auf 2,40 Hz. Die Gesamtzentrifugalkraft des Triebwerkes der Lokomotive in senkrechter Richtung beläuft sich bei 5 U/s der Triebräder auf 14,4 t.

Für die drei ersten Belastungsdiagramme kann man mit schneller werdender Überfahrtgeschwindigkeit eine allmählich anwachsende Aufschaukelung der Brücke feststellen, da die erregende Kraft quadratisch mit der Drehzahl ansteigt und der Takt der Erregung allmählich sich der Eigentaktzahl der Brücke nähert. Im Diagramm 3 ist diese Aufschaukelung am größten. In diesem Fall beträgt die Frequenz der Triebradkräfte 2,4 Hz und ist demnach gerade gleich der Frequenz der Brücke von 2,4 Hz im belasteten Zustand.

Bei weiterer Steigerung der Geschwindigkeit werden die Verhältnisse grundlegend anders. Im Diagramm 4 ist die Lokomotivgeschwindigkeit so weit gesteigert, daß die Frequenz der Triebradkräfte im Anfang und am Ende der Überfahrt dicht unterhalb der Eigenfrequenz der Brücke, in der Mitte der Brücke jedoch infolge der Zusatzbelastung durch die Lokomotive dicht oberhalb der erniedrigten Eigenfrequenz liegt. Es müßte in diesem Fall eine weitere Steigerung der Aufschaukelung erwartet werden, da die Erregung stets in der Nähe der jeweils vorhandenen Eigenfrequenz erfolgt. Aus der Abb. 13 ist jedoch zu entnehmen, daß im Bereich der Resonanz ein schneller Phasenwechsel eintritt zwischen erregender Kraft und Verformung. Die dynamischen Erregerkräfte der Lokomotive erreichen bei Auffahrt auf die Brücke daher zunächst ungefähr gleichphasig mit der Durchbiegung der Brücke ihre tiefste Stellung, bei der Erregung im Bereich der Brückenmitte dagegen liegt die erregende Frequenz oberhalb der Brückenfrequenz und es tritt ein Phasensprung ein, so daß jetzt die Erregerkräfte der Lokomotive durch ihre obere Stellung gehen, während die Brücke ihre tiefste Durchbiegung erreicht. Durch diesen Phasensprung in Brückenmitte werden die bei Auffahrt der Lokomotive erzeugten Schwingungen der Brücke vernichtet, da sich diese erst den sich ändernden Phasenbedingungen anpassen muß, woran sich, nachdem wieder „Schritt gefaßt" wurde, eine erneute Aufschaukelung anschließt.

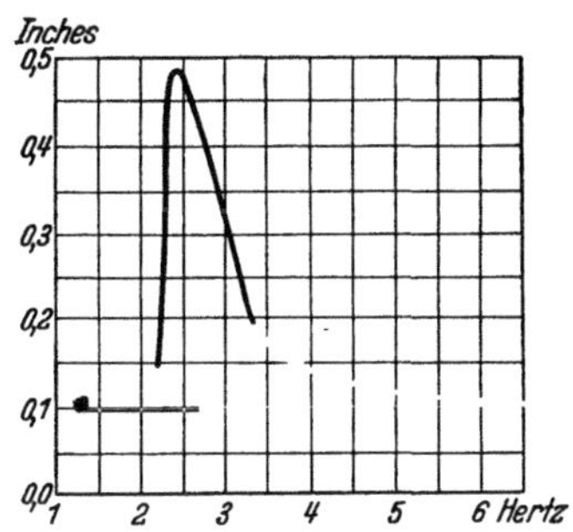

Abb. 36. Abhängigkeit des dynamischen Größtausschlages einer Brücke von der Umdrehungszahl der Triebräder der Versuchslokomotive.

Bei weiter gesteigerter Geschwindigkeit nehmen die Schwingungsausschläge, wie den folgenden Diagrammen der Abb. 35 zu entnehmen ist, weiter ab und werden für die höchsten Werte der Geschwindigkeit verhältnismäßig klein.

Die für die verschiedenen Überfahrtsgeschwindigkeiten erzielten Höchstausschläge der Brücke, wie sie sich aus Abb. 35 ergeben, sind in Abb. 36 als Funktion der sekundlichen Umdrehungszahl der Lokomotivtriebräder aufgetragen.

b) Auswertung. Die Diagramme der Abb. 35 zeigen, daß die bei der Überfahrt einer Lokomotive über eine Brücke auftretenden Schwingungserscheinungen sehr verwickelter Natur sind. Eine vollständige mathematische Beherrschung des Gesamtproblems ist daher noch nicht gelungen. Dies ist aber auch gar nicht nötig, denn der Brückenbauer braucht den Ablauf in allen seinen Einzelheiten nicht zu kennen. Ausschlaggebend für ihn ist die sichere Beurteilung der höchstmöglichen dynamischen Zusatzbelastung, die unter den verschiedenen Umständen auftreten kann.

Für das Zustandekommen der Diagramme Abb. 35 sind im wesentlichen drei Faktoren verantwortlich zu machen. Zunächst ist die Größe und Frequenz der erregenden Kräfte der Triebwerke der Lokomotiven von Bedeutung, die eine bestimmte Brücke befahren. Im Falle der vorliegenden englischen Messungen sind diese Erregerkräfte erfreulicherweise auf besonderen Wiegevorrichtungen bestimmt worden, während man nach diesen wichtigen Angaben meist vergeblich sucht. Die von der Versuchslokomotive in senkrechter Richtung ausgeübte Zentrifugalkraft beträgt bei 5 U/sec der Triebräder 14,4 t*.

Diese periodischen Kräfte wirken sich in dem durch die Brücke dargestellten Schwingungssystem aus. Als zweiter wichtiger Faktor kommt daher der dynamische Aufbau dieses Schwingungssystems in Betracht, wie er durch Schwingermessungen festzustellen ist. Leider steht keine entsprechende Untersuchung der englischen Versuchsbrücke zur Verfügung, doch können zur Veranschaulichung der grundsätzlichen Überlegungen Messungen an anderen Brücken zum Vergleich herangezogen werden. In dieser Hinsicht besonders geeignet ist die in Abb. 24 festgehaltene Donaubrücke bei Wien, deren Spannweite ebenfalls 80 m beträgt, und deren Eigenfrequenz im unbelasteten Zustand mit 2,78 Hz der entsprechenden Frequenz von 2,86 Hz der englischen Brücke sehr nahe kommt.

Über diese beiden Faktoren lagert sich der Einfluß der Verschiebung des Angriffspunktes der Kraft längs der Brücke während einer Überfahrt. Dieser Einfluß bringt eine wesentliche Erschwerung, da eine Anzahl von Bestimmungsstücken von der Stellung des Zuges bezüglich der Brücke abhängig ist. Kein Zweifel besteht aber darüber, daß die dynamische Zusatzbelastung einer Brücke einen Höchstwert annehmen müßte, wenn die Belastungslokomotive in Brückenmitte aufgestellt und etwa durch bewegliche Gegenräder die Möglichkeit geschaffen würde, ohne Vorwärtsbewegung der Lokomotive, ihr Triebwerk in Bewegung zu setzen. Die Massenkräfte des Triebwerkes könnten sich nunmehr vollständig auswirken und die Brücke würde im Resonanzfall bis zur höchstmöglichen Schwingungsamplitude aufgeschaukelt

---

* Da nicht nur die senkrechte Grundschwingung einer Brücke, sondern auch die Torsionsschwingung um die Längsachse der Erregerfrequenz der Lokomotiven nahekommen kann, müßte in Zukunft das Triebwerk der Lokomotiven nach den Regeln der Auswuchttechnik ausgemessen werden. Insbesondere müßte außer der Einzelkraft auch das Kräftepaar um die Längsachse bestimmt werden, das zur Erregung der Torsionsschwingung Veranlassung geben kann.

werden. Diese Höchstamplitude stellt eine unüberschreitbare, obere Grenze der dynamischen Zusatzbelastung dar.

Die Durchführung eines solchen Versuches wäre allerdings sehr schwierig. Gleichwertige Messungen können aber sehr einfach durch Schwingungsprüfmaschinen erhalten werden, wobei deren Zentrifugalkraft entsprechend derjenigen des Lokomotivtriebwerkes einzustellen ist. Im vorliegenden Fall der englischen Messungen müßte also der Schwinger bei einer Umdrehungszahl von 5 Hz eine Zentrifugalkraft von 14,4 t abgeben. Bei der Ausführung eines solchen Versuches ist natürlich gleichzeitig die Belastungslokomotive in Brückenmitte aufzustellen, um die entsprechende statische Belastung und damit die entsprechende Eigenfrequenz der Brücke im belasteten Zustand (vgl. auch § 8) zu erhalten.

Die vom Triebwerk und entsprechend auch vom Schwinger bei der Eigenfrequenz der Brücke von 2,4 Hz abgegebene Zentrifugalkraft beträgt dann 3,3 t. Wenn man als Dämpfung der Brücke den an der Wiener Brücke gefundenen Wert $Z = 0{,}06$ annimmt[1], so entspricht dieser Dämpfung eine Resonanzvergrößerung von 16,6. Daraus errechnet sich eine dynamische Zusatzkraft von $16{,}6 \times 3{,}3$ t, also 55 t. Zu dem Eigengewicht der Lokomotive von 107,65 t tritt demnach in dem betrachteten Fall der vollständigen Resonanzaufschaukelung durch das Triebwerk eine dynamische Zusatzkraft von 55 t, was einem dynamischen Zuschlag von 51% zum Lokomotivgewicht entspricht.

Durch die experimentelle Festlegung dieses dynamischen Zuschlages bei vollständiger Resonanzaufschaukelung ist bereits sehr viel gewonnen. In diesem Zuschlag kommen die beiden erstgenannten Faktoren, nämlich die jeweilige Lokomotivtype und die Eigenschaften der jeweiligen Brücke klar zum Ausdruck. Diese obere Grenze wird nun bei der Fortbewegung der Lokomotive mehr oder weniger erreicht, je nachdem bei der Überfahrt die Voraussetzung für eine vollständige Aufschaukelung gegeben ist, je nachdem also eine genügend große Anzahl von Belastungswechseln in Resonanznähe bei normalen Betriebsbedingungen auftreten können. Durch einen Vergleich der tatsächlich bei der Überfahrt einer Lokomotive gemessenen Zusatzbeanspruchungen mit dem experimentell erhaltenen, höchstmöglichen dynamischen Zuschlag ist sehr leicht festzustellen, welcher Bruchteil der überhaupt möglichen Aufschaukelung in der Praxis auftreten kann. Derartige Vergleichsmessungen sind nur einmal anzustellen, sie ergeben Reduk-

[1] Dieser Wert der Dämpfung ist allerdings bei einer wesentlich kleineren Erregerkraft des Schwingers von 500 kg gewonnen worden. Da bei Vergrößerung der Erregerkraft der Reibungswiderstand sich im Sinne einer Erhöhung der Dämpfung verändert, müßte aus diesem Grunde eine größere Dämpfung angenommen werden. Andererseits ist dieser Wert der Dämpfung jedoch im unbelasteten Zustand der Brücke gemessen worden. Bei Belastung durch die Versuchslokomotive jedoch wäre eine Verringerung der Dämpfung infolge der Zunahme der schwingenden Masse zu erwarten. Diese beiden Einflüsse wirken also einander entgegen, so daß der angenommene Wert der Dämpfung, der ja nur als Rechenbeispiel dienen soll, als Grundlage der Rechnung angenommen werden möge.

tionsfaktoren, die für alle Verhältnisse, insbesondere für verschieden Brückenlängen, Fahrgeschwindigkeiten usw. Gültigkeit haben.

Für die englischen Versuche ergibt sich z. B. eine Durchbiegun der Brücke bei der Kriechfahrt unter dem Gewicht der Lokomotiv von rund 0,55 ins. Der bei der Überfahrt der Lokomotive auftretende höchste dynamische einseitige Ausschlag läßt sich andererseits au Abb. 36 zu 0,24 ins entnehmen. Nimmt man in dem Belastungsbereic linearen Verlauf der Verformung mit der Belastung an, so entsprich dem bei der Überfahrt sich zeigenden dynamischen Ausschlag eine dyna mische Zusatzkraft von 48 t an Stelle einer höchstmöglichen von 55 t Es wird demnach unter den angenommenen Bedingungen im ungünstig sten Falle die Versuchsbrücke bis auf 87% der höchstmöglichen Reso nanzvergrößerung von 55 t aufgeschaukelt.

Auf Grund von entsprechenden Messungen an Brücken lassen sic sehr schnell Erfahrungswerte für jeden Betriebszustand erhalten, s daß für neu zu errichtende Brücken die dynamischen Zuschläge anzu geben sind. Damit ist aber das Problem der Stoßzahl, soweit es de Praktiker interessiert, gelöst[1]. Natürlich sind noch eine weitere Anzah von Einflüssen zur Vervollständigung zu berücksichtigen. Wenn ma aber die durch praktische Durchbiegungsmessungen gewonnene „Reso nanzkurve“ der Höchstausschläge in Abhängigkeit von der Fahr geschwindigkeit, Abb. 36, vergleicht mit den theoretischen Resonanz kurven des Ausschlages gemäß Abb. 15, so dürfte kein Zweifel meh bestehen, daß die wichtigste und ausschlaggebende Frage der Brücken dynamik, diejenige der Resonanzfähigkeit der Brücken unter gewisse Fahrbedingungen ist[2].

---

[1] Kurze Wiedergabe eines Berichtes des Verfassers an die Hauptverwaltun der Deutschen Reichsbahn. Erscheint demnächst in Band 3 der Abhandlunge der Internationalen Vereinigung für Brückenbau und Hochbau.

Nach einem Vorschlag von Dr. Bernhard kann man die einzelnen Berech nungsstufen mit Hilfe von Nomogrammen erledigen, denen der dynamische Zu schlag für jeden Betriebsfall zu entnehmen ist. (Erscheint demnächst.)

[2] Die Stoßzahl ist, um darauf besonders hinzuweisen, nicht etwa eine Natur konstante, derart, daß sie sich in verschiedenen Ländern als gleich groß heraus stellen müßte, wenn nur die Belastungsmessungen genau genug angestellt werden Sie ist auch innerhalb eines Landes nicht gleich groß, da sie in hohem Maße vo der Art des Triebwerkes (Dampflokomotiven mit zwei, drei oder vier Zylindern elektrische Lokomotiven usw.) abhängig ist.

Es ist eine mehr wirtschaftliche Frage, die jedoch ihrer Bedeutung wegen hie angeschnitten sei, ob es besser ist, alle Brücken wesentlich stärker auszuführen, nur damit Lokomotiven mit mehr oder weniger kontrollierten Massenkräfte darüber „trampeln“ können, oder aber umgekehrt die heute anscheinend als unvermeidbar betrachteten Erregerkräfte der Dampflokomotiven zu beseitigen. Diese Beseitigung der Erregerkräfte würde allerdings gewisse Zusatzeinrichtungen auf den Lokomotiven bedingen. Immerhin zeigt die Abb. 36 mit aller Deutlich keit, daß die Beseitigung der Resonanzgefahr durch Beseitigung der Erregerkräfte eine wesentliche Schonung der Brücken verspricht.

Der heutige Stand der Auswuchttechnik legt nahe, die früheren Versuche zur Beseitigung der Massenkräfte von Lokomotiven wieder aufzunehmen. Jeden falls ist die Frage der Stoßzahl von Eisenbahnbrücken in hohem Maß eine Frage des Lokomotivbaus.

Vgl. R. Garbe: Dampflokomotiven der Gegenwart.

VII. Dynamische Messungen an Schiffen.

Ein weiteres, ausgedehntes Anwendungsgebiet für Schwingermessungen ist der Schiffbau. Ein Schiff stellt eine große Anzahl von mechanischen Schwingungssystemen dar, angefangen von den elastischen Grundschwingungen des ganzen Schiffskörpers bis zu den Schwingungen von Fundamenten, Decks, Aufbauten, Masten und sonstiger Einzelteile. Diese Schwingungssysteme mit den verschiedensten Abstimmungen können unter Umständen in Resonanznähe erregt werden durch periodische Impulse, die beim fahrenden Schiff mit den verschiedensten Perioden auftreten. Als Erregerquellen kommen in Frage der Seegang, Erschütterungen durch die Propeller, durch die Massenkräfte der Maschinen usw.

Abb. 37. Zerlegbarer Schiffsschwinger.

§ 20. Schwinger für Schiffsuntersuchungen.

Selbstverständlich können zur Ausführung von dynamischen Untersuchungen an Schiffen die normalen Schwingermodelle § 24 herangezogen werden. Besondere Anforderungen führten aber auch hier zur Konstruktion einiger Spezialmodelle, die kurz beschrieben werden mögen.

a) Zerlegbarer Schwinger. Dieser Schwinger ist als Kompromißlösung sehr verschiedener Forderungen entstanden, mit dem Ziele, durch ein einziges Modell möglichst viele Fragen der Schiffsdynamik bearbeiten zu können. Der Schwinger soll daher bei sehr niedrigen Umdrehungszahlen noch merkliche Kräfte abgeben, andererseits aber muß eine Steigerung auf verhältnismäßig hohe Umdrehungszahlen möglich sein. Ferner war darauf Rücksicht zu nehmen, daß der Schwinger an Bord überall aufgestellt werden kann und seine Abmessungen eine Beförderung durch enge Luken und Schottentüren zulassen. Das Eigengewicht der Einzelteile sollte deshalb einen nicht zu beschwerlichen Transport durch Menschenkraft ermöglichen.

Der Schwinger Abb. 37 ist aus diesen Gründen in einem Gehäuse aus Leichtmetall untergebracht. Außerdem ist er zweiteilig ausgeführt, so daß die Einzelteile an Ort und Stelle zusammengesetzt werden können. Zu diesem Zweck ist der Antriebsmechanismus mit den Motoren auf einer besonderen Platte montiert, die mit dem die Schwungmassen enthaltenden Teil leicht verbunden werden kann.

b) Großer Schiffsschwinger. Zur Untersuchung der elastischen Schwingungen des ganzen Schiffskörpers im Seegang dient der Schwinger nach Abb. 38. Er hat die Aufgabe, schon bei sehr niedrigen Umdrehungszahlen der Schwungmassen hohe Erregerkräfte abzugeben und nimmt durch diese Forderung entsprechend große Abmessungen an.

Der Aufbau des Schwingers zeigt zwei Schwungmassen, die gemäß Abb. 22 aus zwei exzentrischen Teilen bestehen. Jede Schwungmasse wiegt 3 t. In dem hinteren Gehäuse befindet sich das unter einem Ölregen laufende Getriebe. Der Antrieb erfolgt durch zwei Spezialmotore mit je 25 kW Leistung. Zwischen Motor und Getriebe sind zwei umschaltbare Übersetzungen vorgesehen, um eine gute Anpassungsfähigkeit an die jeweiligen Arbeitsbedingungen zu erreichen. Im Vordergrund ist die elektrische Einrichtung zur Inbetriebsetzung und Regelung der Umlaufgeschwindigkeit zu erkennen. Auf besondere Einrichtungen zur Erleichterung des Anfahrens bei großen Exzenterstellungen und sonstige Sicherheitseinrichtungen zur Beherrschung der großen Schwungmomente der beiden Massen sei nur hingewiesen.

Abb. 38. Großer Schiffsschwinger.

Das Eigengewicht der Maschine beträgt 25 t. Die höchstzulässige Fliehkraft von 20000 kg wird schon bei einer Umdrehungszahl von 2 Hz erreicht, die zulässige Höchstdrehzahl beträgt 8 Hz.

§ 21. Einige Meßergebnisse an Schiffen.

a) Untersuchung von Maschinenfundamenten. Durch die Bemühungen von Prof. Dr. Lienau, Danzig, und das Entgegenkommen von Schiffbaudirektor Hein, Deschimag Bremen, sowie Direktor Dr. Goos, Hapag, konnten orientierende Versuche an den Schnelldampfern „Bremen“ und „New York“ ausgeführt werden[1].

[1] Späth, W.: Dynamische Untersuchungen an Schiffen. Werft Reed. Hafen 1929 S. 92.

Es wurde zunächst vor Montierung der Turbinen ein Schwinger auf den Fundamenten der „Bremen" befestigt und eine Resonanzkurve aufgenommen. Abb. 39 zeigt die Frequenzleistungskurve für vertikale Schwingungen.

Aus dieser Kurve ergibt sich die Lage der kritischen Frequenz des Fundamentes zu etwa 9,4 Hz. Die Dämpfung der Schwingungen ist sehr groß. Der Tangens des Dämpfungswinkels beträgt 0,48, der Dämpfungswinkel selbst ist 26°. Der Reibungswiderstand erreicht also hier fast die Hälfte des Massenwiderstandes. Dieser hohe Reibungswiderstand dürfte durch den Einfluß des Wassers auf die Außenhaut verursacht sein. Der Vergrößerungsfaktor ist entsprechend klein, er beträgt nur 2. Die von dem Schwinger in Resonanz erzeugte Zentrifugalkraft beträgt rund 15 t, so daß sich also eine Aufschaukelkraft von 30 t ergibt. Die Verhältnisse sind demnach wesentlich anders gelagert als z. B. an Brücken.

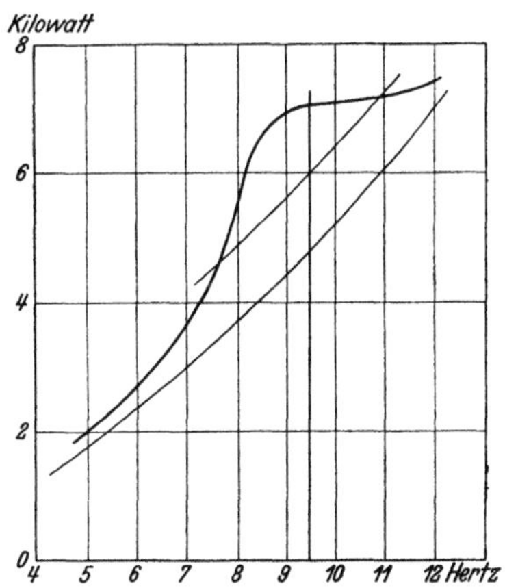

Abb. 39. Frequenzleistungsdiagramm des Turbinenfundamentes eines Schiffes.

Immerhin genügten die von dem Schwinger abgegebenen Kräfte, den ganzen Schiffskörper des 30000 t fassenden Schiffes in Erschütterungen zu versetzen, so daß die Möglichkeit gegeben ist, die Auswirkung der von den Maschinenfundamenten ausgehenden Störungen auf das ganze Schiff zu untersuchen. Durch Abgehen der einzelnen Decks und gefühlsmäßiges Abschätzen der sich zeigenden Schwingungen konnte das Wesentliche erkannt werden, wobei sehr charakteristische Erscheinungen festzustellen waren. Einzelne Decks, bzw. Teile derselben zeigten sehr geringe Erschütterungen, während angrenzende Teile dicht daneben sich durch kräftiges Mitschwingen auszeichneten. Diese Verteilung der Schwingungen ändert sich natürlich mit Änderung der Drehzahl des Schwingers.

Durch solche Versuche sind bereits im Bauzustand eines Schiffes störende Übereinstimmungen der Eigenresonanzen von größeren Räumen mit den im Fahrbetrieb zu erwartenden Störfrequenzen festzustellen, wodurch auch sofort die entsprechenden Maßnahmen zur Abhilfe gegeben sind. Die einzelnen Decks können auch durch kleine tragbare Schwinger für sich untersucht werden.

Wenn Erschütterungsmesser zur Verfügung stehen, können natürlich die einzelnen Erscheinungen auch quantitativ über den ganzen Schiffskörper ausgemessen werden. Infolge der Vergrößerung solcher Instrumente genügen verhältnismäßig kleine Schwinger, um die Grundschwingung und eine Anzahl von Oberschwingungen des Schiffskörpers auszumessen.

b) Weitere Untersuchungen an Schiffen. Eine sehr beachtliche Störungsquelle an fahrenden Schiffen sind periodische Impulse, die von den sich drehenden Propellern ausgehen[1]. Die Frequenz dieser Störung ist gleich der Umdrehungszahl der Schiffswellen multipliziert mit der Anzahl der Propellerblätter. Diese Störungen können besonders bei sehr schlankem Hinterschiff mit elastischen Schwingungen des Schiffskörpers in Resonanz treten.

In entsprechender Weise sind durch Schwingungsmessungen eine ganze Anzahl von Einzelteilen des Schiffes zu untersuchen.

VIII. Dynamische Messungen an Bettungen aller Art.

Während es sich bei der Untersuchung technischer Konstruktionen meist um quasistationäre Schwingungsprobleme handelt, bei denen die räumlichen Abmessungen des Systems klein im Vergleich mit den Wellenlängen der periodischen Zustandsänderungen sind, so daß alle Teile des Systems mit gleicher Phase schwingen, treten bei der Untersuchung von Bettungen neue Erscheinungen auf. Außer dem eigentlichen Schwingungsvorgang in der Nähe der Erregerstelle zeigen sich hier Strahlungsvorgänge in den unendlich weiten, elastischen Halbraum. Die hierdurch bedingten Erscheinungen bieten eine Fülle sehr interessanter geophysikalischer Fragestellungen, deren Bearbeitung durch das Hilfsmittel des Schwingers einen neuen Impuls erfahren hat. Darüber hinaus hat die durch Schwingermessungen eingeleitete neue Entwicklung der Bodendynamik auch große praktische Bedeutung für die Bautechnik gewonnen.

Im wesentlichen zeichnen sich heute vier Aufgabengebiete der dynamischen Bodenmechanik ab:

1. Messung der allgemeinen, dynamischen Eigenschaften von Bettungen, Gründungen, Fahrbahnen aller Art usw. Ergänzung der bisherigen, sehr dürftigen statischen Kennwerte durch dynamische Meßzahlen.

2. Ausmessung des gesamten Strahlungsfeldes der von der Erregerstelle abwandernden, verschiedenen elastischen Erschütterungen. Messung der Fortpflanzungsgeschwindigkeit, Absorption, Beugung, Brechung, Reflexion usw. in den verschiedenen Bodenschichten[2].

3. Ausführung von Dauerversuchen an Bettungen für technische Zwecke, insbesondere im Hinblick auf die Standfestigkeit, die Setzungsverhältnisse usw. von Gründungen aller Art.

4. Nutzbarmachung der Schwinger zur künstlichen Vergütung von Straßendecken, Bettungen von Gleisanlagen, Baugründen usw.

Dank den umfangreichen Versuchsarbeiten der unter Leitung von Geheimrat Prof. Dr. Hertwig stehenden Deutschen Forschungsgesell-

---

[1] Bohuszewicz, O. von, u. Späth, W.: Dynamische Vorgänge an Schiffschrauben. Werft Reed. Hafen 1931 S. 324.

[2] Schwingermessungen können auch zur Entscheidung der Frage herangezogen werden, ob und in welcher Weise durch einen Schutzgraben ein Gebäude gegen die Straßenerschütterungen geschützt werden kann. Vgl. W. Hort, G. Mensch u. H. Waas: Bautechn. 1932 Heft 10.

schaft für Bodenmechanik (Degebo) an der Technischen Hochschule Berlin sind heute bereits sehr ermutigende Fortschritte auf diesem schwierigen Gebiet erzielt worden[1].

§ 22. Schwinger für Bodenuntersuchungen.

Die Schwinger für Bodenuntersuchungen zeichnen sich durch ein besonders hohes Eigengewicht aus. Dieses hohe Eigengewicht soll verhindern, daß der Schwinger durch die Zentrifugalkräfte in der nach oben gerichteten Halbperiode vom Boden abgehoben wird, da eine der üblichen Befestigungsarten hier nicht in Frage kommt. Derartige Schwinger werden deshalb mit zusätzlichen Gewichten ausgerüstet, die gleichzeitig zur Veränderung des statischen Bodendruckes dienen. Das hohe Eigengewicht ist allerdings für die Handhabung dieser Schwinger hinderlich, dies um so mehr, als es sich meist um Messungen unter schwierigen Bedingungen, z. B. auf freiem Feld, in einer Baugrube, auf einem Damm usw. handelt.

In den meisten Fällen ist es am einfachsten, den Schwinger bis zur Untersuchungsstelle etwa auf einem Lastwagen zu fahren und hier unter Zuhilfenahme von Ablade- und Transportmitteln in die Versuchsstellung zu bringen. Ein solcher Schwinger kann auch mit einem eigenen Fahrgestell ausgerüstet werden. Eine derartige Konstruktion sei kurz beschrieben.

Der nach Wünschen der Degebo entwickelte Schwinger ist in Abb. 40 dargestellt. Der eigentliche Schwinger ruht auf einem lafettenartigen Fahrgestell, das von einem Fahrzeug gezogen wird. Mit Hilfe besonderer Einrichtungen kann der Schwinger an Ort und Stelle auf den Boden gesetzt und die Lafette abgezogen werden. In entsprechender

---

[1] a) Hertwig, A.: Die dynamische Bodenuntersuchung. Bauing. Bd. 12 (1931) S. 457/461 u. 476/480.

b) Hertwig, A.: Baugrundforschung. Z. VDI Bd. 77 (1933) S. 550.

c) Hertwig, A., G. Früh u. H. Lorenz: Die Ermittlung der für das Bauwesen wichtigsten Eigenschaften des Bodens durch erzwungene Schwingungen. Veröff. der Degebo. Berlin: Julius Springer 1933.

Ferner:

d) Müller, P.: Ein Schwingungserreger und -Messer zur dynamischen Baugrundforschung. Bauing. Bd. 12 (1931) S. 43/49 u. 70/74.

e) Müller, P.: Dynamische Baugrundprüfung, Versuchsergebnisse mit dem Schwingungserreger und -Messer. Geodyn. Schalltechn. Bd. 4 (1931) S. 74/78.

f) Ambronn, R.: Methoden der angewandten Geophysik. Wiss. Forschungsberichte.

g) Köhler, R.: Resonanzschwingungen des Untergrundes und ihre Bedeutung für Gebäude. Z. Geophysik Bd. 8 (1932) S. 461.

h) Köhler, R.: Die Resonanzmethode als Hilfsmittel bei seismischen Untersuchungen. Z. Geophysik Bd. 8 (1932) S. 461.

i) Köhler, R.: Resonanzschwingungen des Untergrundes und ihre Bedeutung für Gebäude. Verh. dtsch. physik. Ges. Bd. 14 (1933) S. 12.

k) Ramspeck, A.: Versuche über Boden- und Gebäudeschwingungen. Z. Geophysik Bd. 9 (1933) S. 44/59.

l) Köhler, R., u. A. Ramspeck: Übertragung von Maschinenschwingungen auf Boden und Gebäude. Z. techn. Physik. Bd. 14 (1933) S. 512.

Weise wird der Schwinger nach Beendigung der Messung mit Hilfe der Lafette vom Boden aufgenommen.

Der eigentliche Schwinger besitzt vier Schwungmassen, die durch zwei Motoren von je 3 kW Leistung angetrieben werden. Die höchstzulässige Erregerkraft beträgt 2000 kg. Die Grundplatte des Schwingers weist einen Flächeninhalt von 1 m² auf. Mittels entsprechender Zusatzplatten kann man auch andere Auflagerflächen erhalten, ebenso kann durch solche Zusatzplatten die Masse des Schwingers und der statische Bodendruck verändert werden. Das Gesamtgewicht des eigentlichen Schwingers beträgt 1800 kg, das durch Zusatzplatten bis auf 3000 kg erhöht werden kann. In Abb. 41 ist der Schwinger in Arbeitsstellung dargestellt, woraus die Anordnung im einzelnen zu entnehmen ist.

Abb. 40. Fahrbarer Schwinger für Bodenuntersuchungen.

Abb. 41. Fahrbarer Schwinger für Bodenuntersuchungen in Arbeitsstellung.

§ 23. Einige Meßergebnisse an Bettungen.

a) Grundversuch. Wird ein Schwingungserreger mit seiner Grundfläche auf den Boden abgesetzt und werden hierauf dynamische Kräfte in senkrechter Richtung auf den Untergrund ausgeübt, so zeigen sich ganz ähnliche Resonanzkurven der verschiedenen Schwingungsgrößen wie bei der Untersuchung quasistationärer Gebilde. Der Schwinger zusammen mit dem unmittelbar belasteten Untergrund führt im allgemeinen Schwingungen sehr geringer Amplitude aus, in gewissen Frequenzgebieten jedoch tritt eine wesentliche Vergrößerung des Ausschlages auf, die mit einer entsprechenden Zunahme der Leistungsaufnahme der Antriebsmotore verbunden ist. Da ein homogenes Medium mit verteilter Masse und Federung keinen ersichtlichen Grund für das Auftreten derartiger kritischer Frequenzgebiete bietet, ist deren Auftreten zunächst überraschend. Wenn man aber bedenkt, daß diese Homogenität durch den Schwinger selbst gestört wird, und die Masse des Schwingers mit der federnden Wirkung des Bodens in Wechselbeziehung tritt, und ferner berücksichtigt, daß der Untergrund keineswegs ein homogenes Gebilde darstellt, so wird das Auftreten dieser Resonanzgebiete erklärlich.

Die Masse des Schwingers kann zusammen mit der federnden Rückstellkraft der vom Schwinger bedeckten Grundfläche als Schwingungssystem aufgefaßt werden, das also erst durch die Aufstellung des Schwingers zur Entstehung gelangt. Hierzu kann, wie bei jeder anderen „Sendeantenne" noch eine, durch die Rückwirkung des elastischen Mediums bedingte zusätzliche mitschwingende Masse angenommen werden. Diese Annahme ist zunächst auf jeden Fall eine Arbeitshypothese, deren Nützlichkeit durch praktische Messungen zu erweisen ist. Natürlich sind bei der Untersuchung des Erdbodens nicht die einfachen Verhältnisse eines klar gegliederten Schwingungssystems mit unveränderlichen, bestimmenden Größen zu erwarten. Schon durch die Messung selbst und der damit verbundenen Einrüttelung tritt eine Änderung der Federung und der Masse auf. Darüber hinaus ist hier keine Unabhängigkeit der Masse, der Reibung und der Federung von der Größe der Amplitude zu erwarten, so daß mit dem Auftreten von anharmonischen Verhältnissen (§ 8) zu rechnen ist. Auch die Größe und Gestalt der gewählten Grundfläche übt einen entsprechenden Einfluß aus.

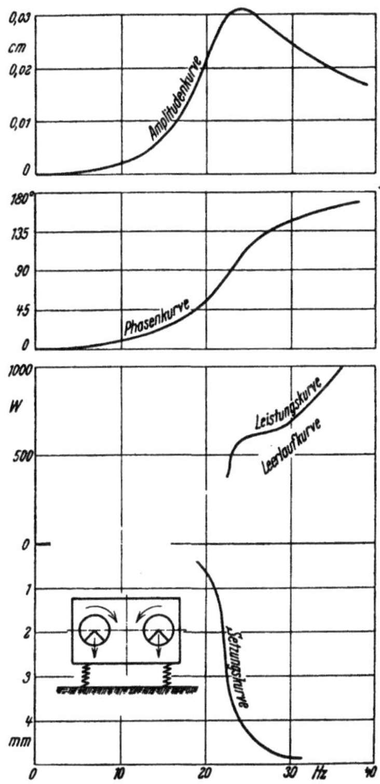

Abb. 42. Die grundlegenden Messungen an Bettungen.

In Abb. 42 sind die grundlegenden Messungen der dynamischen Bodenprüfung dargestellt[1]. Die obere Kurve zeigt den Verlauf der Amplitude am Ort der Erregung. Man sieht, wie ein deutlich ausgeprägtes Resonanzgebiet zwischen 20 und 30 Hz liegt, in welchem sich kräftige Schwingungen zeigen. Die nächste Kurve zeigt den Verlauf der Phase zwischen der erregenden Kraft, bzw. der Stellung der Exzentergewichte und der Schwingungsbewegung des Bodens in Abhängigkeit von der

[1] Abb. 42 sowie Abb. 43 sind mit gütiger Erlaubnis der Degebo aus der auf S. 85 Fußnote 1, c zitierten Arbeit entnommen.

Frequenz. Man sieht auch hier den prinzipiellen Verlauf der Phase eines Schwingungssystems (Abb. 13).

Die dritte Kurve zeigt, wie sich übereinstimmend mit der Amplitudenkurve zwischen 20 und 30 Hz eine merkliche Vergrößerung der Antriebsleistung der Motoren zur Aufrechterhaltung der starken Schwingungen ausbildet.

In der unteren Kurve ist die Setzung, d. h. die bleibende Formänderung der unmittelbar unter dem Schwinger befindlichen Bodenschicht in Abhängigkeit von der Erregerfrequenz aufgetragen. Bei der Aufnahme dieser Kurve wurde der Boden gerüttelt, bis er ungefähr einen stationären Zustand erreicht. Hierauf wird die Frequenz gesteigert und die weitere Setzung beobachtet. Man erkennt, daß die Zunahme der Setzung im Resonanzgebiet zwischen 20 und 30 Hz besonders groß ist.

Derartige Messungen können nun unter Veränderung irgend welcher Daten wiederholt werden. Von besonderem Interesse ist die anschließende Aufnahme weiterer Kurven bei geänderter Masse des Schwingers. Wird diese Masse z. B. durch Zusatzgewichte erhöht, so wird eine Verlagerung der Resonanzstelle nach tieferen Frequenzen festgestellt (vgl. § 15). Aus dieser Veränderung kann zunächst Masse und Federung des Schwingungssystems rechnungsmäßig ermittelt werden.

Um einen Anhaltspunkt für die sich zeigenden Verhältnisse zu geben, seien einige Zahlenwerte genannt. Bei dem Gewicht eines Schwingers von 781 kg wurde die kritische Frequenz bei 20,8 Hz festgestellt. Nach Vergrößerung des Gewichtes des Schwingers um 360 kg ergibt sich als neue Resonanzfrequenz 19,0 Hz. Daraus errechnet sich gemäß § 15 eine Gesamtmasse von 1800 kg und nach Abzug der Schwingermasse eine mitschwingende Bodenmasse von 1019 kg. Die Federkonstante des Bodens ergibt sich hieraus zu 31500 kg/cm, woraus eine auf die Flächeneinheit von 1 cm^2 bezogene dynamische Bettungsziffer von 12,7 kg/cm gefunden wird.

Hierbei ist zu berücksichtigen, daß der Zustand des Bodens durch den ersten Versuch sich geändert hat. Auch ist sehr wahrscheinlich, daß die mitschwingende Mediummasse in hohem Maß von der Größe der Schwingungsamplitude abhängig ist, so daß der angegebene Wert für die mitschwingende Masse nur für die in Resonanz vorhandene Schwinamplitude gilt[1].

[1] Daß die schwingende Mediummasse sehr starken Änderungen unterworfen ist, geht z. B. aus Abb. 14 der auf S. 85 (1, c) zitierten Arbeit hervor. Dort ergibt sich bei einem Exzentergewicht von 30,4 kg und einem Exzenterradius von 7,5 mm eine Schwingungsamplitude für sehr hohe Erregerfrequenzen von $A_\infty = 0{,}014$ cm. Daraus errechnet sich die schwingende Gesamtmasse gemäß § 15, c zu:

$$m = \frac{30{,}4 \cdot 0{,}75}{0{,}014} = 1630 \text{ kg},$$

während die Masse des Schwingers selbst 1535 kg beträgt. Weit oberhalb der Resonanz nimmt also fast ausschließlich die Masse des Schwingers an den Schwingungen teil. Der Trägheitswiderstand der Maschine ist für diese hohen Frequenzen so hoch, daß der darunterliegende Boden nicht mehr von den Schwingungen erfaßt werden kann und nur eine sehr geringe Tiefenwirkung sich zeigt. Der Schwinger vibriert lediglich auf der Oberfläche.

b) Ergebnisse an verschiedenen Bodensorten. Neben der Klärung der Vorgänge beim dynamischen Grundversuch bietet die Durchmessung an verschiedenen Bodensorten erhebliches Interesse, um auf diese Weise Unterschiede festzustellen mit dem Ziele, die dynamischen Kennwerte mit den für die praktische Baugrundprüfung wichtigen Kennwerten in Verbindung zu bringen.

In Abb. 43 sind die Leistungskurven an verschiedenen Bodenarten dargestellt. Als Abszisse ist das Frequenzverhältnis der erregenden Frequenz zur Resonanzfrequenz aufgetragen, als Abszisse die von den Antriebsmotoren aufgenommene Leistung. Es zeigt sich, daß eine sehr große Mannigfaltigkeit der verschiedenen Kurven vorhanden ist und daß alle theoretisch abgeleiteten Grundformen (§ 7) in der Praxis vorkommen können. Die Kurven mit reellem Maximum und Minimum stammen von nassen Tonböden, die mit den geneigten Wendetangenten von trockenen Sandböden. Die Dämpfung der nassen Tonböden ist kleiner als die der trokkenen Sandböden.

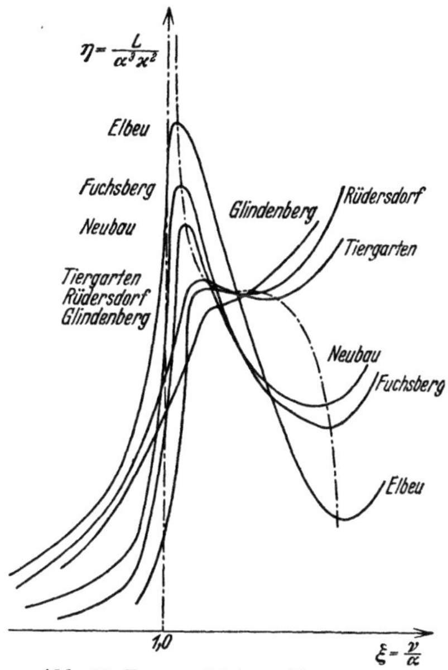

Abb. 43. Frequenzleistungsdiagramme an verschiedenen Bodensorten.

Trotzdem die Erforschung der Eigenschaften von Bettungen auf dynamischem Wege noch ganz am Anfang steht, kann heute festgestellt werden, daß die dynamische Prüfung einen Weg frei gemacht hat, um die sehr dürftigen Angaben statischer Belastungsversuche weitgehend zu ergänzen. Die nunmehr feststellbare mitschwingende Masse, die dynamische Federkonstante und die die inneren Reibungsvorgänge charakterisierende Dämpfung sind wichtige Kennwerte für die Bodenprüfung geworden. Aus den bisherigen Versuchsergebnissen kann man nach Hertwig schließen (S. 85), „daß die Federkonstante mit der Tragfähigkeit des Bodens für statische Belastungen wächst. Die Dämpfung hängt zusammen mit der Zusammendrückbarkeit des Bodens. Bodenarten, die hohe Setzungszahlen aufweisen, haben auch hohe Dämpfungszahlen, jedoch gilt nicht die Umkehrung. Aus der Kennziffer für die Dämpfung und dem Setzungsverlauf zusammen kann man die Sicherheit eines Bodens gegenüber dynamischen Belastungen beurteilen."

c) Künstliche Vergütung von Baugründungen. Aus der Abb. 42 ist zu entnehmen, daß im Resonanzbereich eine außerordentlich kräftige Setzung erfolgt, die den Schwinger im Laufe eines Versuches sehr stark einsinken läßt. Anstatt nun auf einem Baugrund ein Gebäude zu errichten, und mit mehr oder weniger Zutrauen die weitere Entwicklung hinsichtlich der im Lauf der Zeit erfolgenden Setzung abzuwarten, kann durch Schwingeruntersuchungen zunächst die mehr oder weniger gleichmäßige Setzung eines umfangreichen Baugrundes geprüft werden. Gerade die gleichmäßige Größe der Setzung ist für den Bestand eines Bauwerkes besonders wichtig, während die absolute Größe der Setzung weniger von Bedeutung ist[1].

Nach einem von der Degebo zusammen mit dem Losenhausenwerk ausgearbeiteten Verfahren können Schwinger auch zur künstlichen Setzung eines Baugrundes Verwendung finden. Hierbei wird durch passend ausgebildete Schwinger der Baugrund in Erschütterungen versetzt, wodurch eine tiefdringende Verdichtung des Bodens erzielt wird. Derartige Vergütungen kommen nicht nur für eigentliche Baugründungen, sondern auch für Fahrbahnen aller Art, Betonfüllungen usw. in Betracht.

Abb. 44. Maschine zur künstlichen Verdichtung von Fahrbahnen. (Versuchsmodell.)

Die auf diesem Gebiete laufenden Versuche lassen eine baldige Klärung erhoffen. Zur Veranschaulichung der beschrittenen Wege sei auf die Maschine Abb. 44 verwiesen, die ein Versuchsmodell zur Verfestigung von Straßendecken darstellt.

IX. Weitere Anwendungsgebiete.

Nachdem in den Abschnitten VI, VII und VIII die vielseitigen Auswertungsmöglichkeiten von Schwingermessungen an einigen besonderen Beispielen gezeigt wurden, seien im folgenden weitere Fälle zusammengestellt, in denen Schwingermessungen mit Erfolg anzusetzen sind (Abb. 48). Es ist unmöglich, in diesem Rahmen eine auch nur einigermaßen erschöpfende Darstellung zu geben, doch wird diese Zusammenstellung dem praktisch tätigen Ingenieur zeigen, in welch mannigfaltiger Weise Schwingermessungen zur Lösung der verschiedensten Fragen der Technik herangezogen werden können.

§ 24. Weitere Ausführungen von Schwingern.

a) Normierte Schwingermodelle. Wenn auch für manche Anwendungsgebiete besonders ausgebildete Schwingungsprüfmaschinen erforderlich sind, die je nach den gestellten Aufgaben besondere Kennzeichen aufweisen müssen, so können doch für viele Zwecke der Technik

---

[1] Terzaghi, K.: Erdbaumechanik auf bodenphysikalischer Grundlage. Leipzig u. Wien 1925.

normierte Schwingermodelle Verwendung finden. Es soll daher zunächst auf eine einfache Schwingerkonstruktion eingegangen werden, die sich aus den bisherigen Erfahrungen entwickelt hat.

In Abb. 45 ist der Aufbau des Schwingers gezeichnet. In einem stabilen Gehäuse sind zwei Scheiben gelagert, die je zwei Schwungmassen tragen. Wenn diese beiden Schwungmassen auf beiden Scheiben sich gerade gegenüber stehen, so treten keine Kräfte auf, werden sie dagegen zusammengeschoben, so ist die Zentrifugalkraft am größten (Abb. 21). Die Schwungmassen werden mit Hilfe von Winkelskalen eingestellt, und für jede Stellung und jede Umdrehungszahl kann an einem Kräfteplan (Abb. 19) die jeweils ausgeübte Gesamtzentrifugalkraft entnommen werden.

Die beiden Schwungscheiben sind durch zwei Zahnräder, die auf den Schwungscheibenachsen sitzen, miteinander gekuppelt. Der Antrieb erfolgt durch einen Gleichstrommotor, der über eine Keilriemenscheibe eine der beiden Schwungscheiben antreibt. Diese Keilriemenscheiben sind leicht auswechselbar, so daß eine einfache Verstellung der Übersetzung und damit ein anderer Regelbereich des Schwingers erhalten wird.

Das Gehäuse des Schwingers besitzt zwei aufeinander senkrecht stehende Aufspannflanschen, so daß der Schwinger in verschiedenen Lagen auf den zu untersuchenden Gebilden aufspannbar ist. Damit ist die Richtung der vom Schwinger abgegebenen Kraft gegenüber dem Gebilde so einzustellen, daß Kräfte in drei aufeinander senkrechten Richtungen und auch entsprechende Momente ausgeübt werden können.

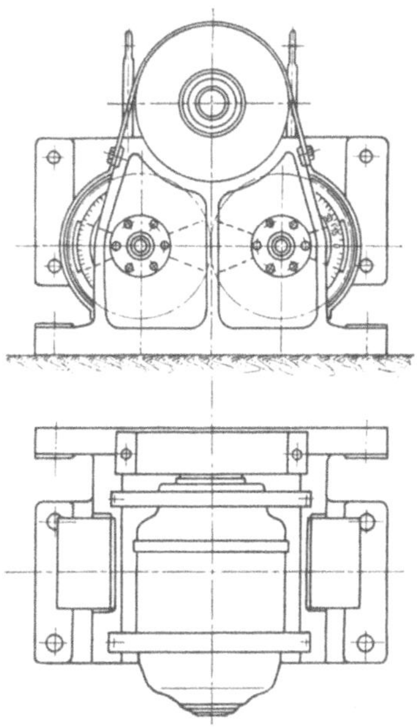

Abb. 45. Normierter Schwinger.

Zur Regelung der Umdrehungszahl ist ein Spezial-Leonard-Aggregat vorgesehen, das eine bequeme Einstellung der Drehzahl mit genügend hoher Stabilität gegenüber Belastungsschwankungen verbindet (§ 10, c). Abb. 46 zeigt das entsprechende Schaltschema.

In Abb. 47 sind vier Maschinen abgebildet, die mit Ausnahme der ersten Einrichtung links vorne solche normierte Schwingermodelle verschiedener Größe darstellen. Gleichzeitig erkennt man die zugehörigen Leonardaggregate zur einwandfreien Regelung.

b) Kleinschwinger. Als letztes Modell aus der Reihe der ausgeführten Schwinger sei noch ein Kleinschwinger beschrieben, der zur Erregung der Eigenschwingungen einzelner Konstruktionsteile des Maschinenbaus, Flugzeugbaus, der Bautechnik usw. dienen soll, ohne jedoch durch sein Eigengewicht die schwingende Masse wesentlich zu vergrößern (Abb. 47 vorn).

Da mit abnehmender Größe der Schwinger das Gewicht des Antriebsmotors verhältnismäßig hohen Anteil am Gesamtgewicht besitzt, ist bei diesem Modell der Motor vom eigentlichen Schwinger getrennt.

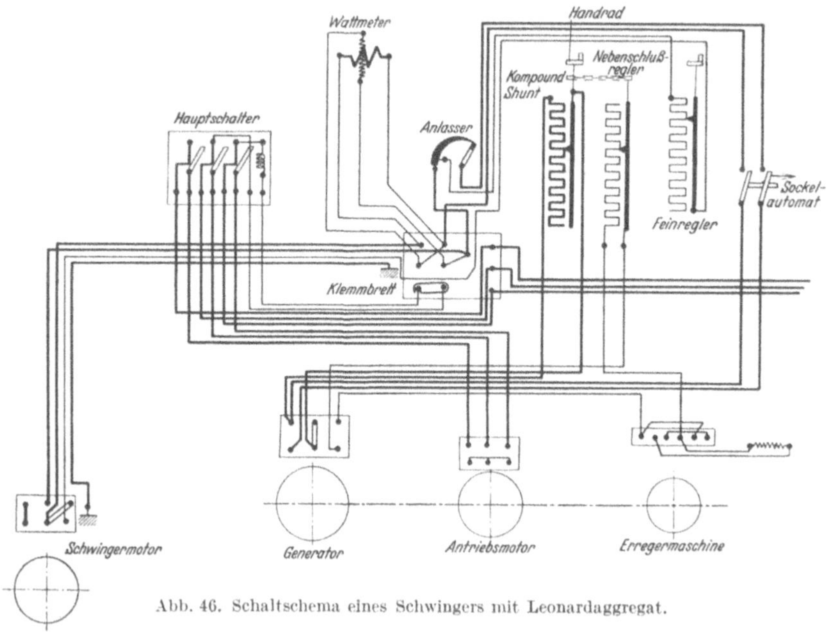

Abb. 46. Schaltschema eines Schwingers mit Leonardaggregat.

Die Kraftübertragung erfolgt durch eine biegsame Welle. Der Schwinger ist außerdem in Leichtmetall ausgeführt. Die Verstellung der Wucht-

Abb. 47. Normierte Schwinger verschiedener Größe.

20—100 Hz	15—75 Hz	15—75 Hz	4—20 Hz
80 kg	400 kg	2000 kg	2000 kg.

gewichte erfolgt durch Einstecken von Stäben in die Bohrungen eines Rotors (Abb. 20).

Das Eigengewicht des Schwingers beträgt 5 kg, die Umdrehungszahl kann bis auf 100 Hz gesteigert werden, die höchstzulässige Erregerkraft, die von 20 Hz an erreicht wird, beträgt 80 kg.

§ 25. Untersuchungen aus der Bautechnik.

Die Bautechnik bietet eine außerordentliche Fülle von wichtigen Fragen wissenschaftlicher und praktischer Natur, deren Lösung durch dynamische Messungen gefördert werden kann. Es seien genannt:

a) Untersuchung von Fundamenten. Die Berechnung der Eigenfrequenzen der verschiedenen Schwingungsformen von Fundamenten nimmt in der neueren Literatur einen großen Raum ein. Durch Schwingermessungen können die verschiedenen Eigenfrequenzen nebst den zugehörigen dynamischen Konstanten festgestellt werden. (Abb. 48, *1*.)

Am Beispiel der Fundamentschwingungen wurden wohl zum erstenmal eingehendere Beobachtungen über erzwungene Schwingungen eines nicht ausgewuchteten Motors gemacht. So untersuchte Sommerfeld[1] das Verhalten eines Elektromotors auf einer elastischen Unterlage und stellte fest, daß in der kritischen Eigenfrequenz ein beträchtlicher Mehrverbrauch an Energie auftritt. Ähnliche Untersuchungen besonders im Hinblick auf die praktische Ausbildung von schwingungsdämpfenden Unterlagen für Maschinen und deren Haltbarkeit führte Schmidt[2] durch[3].

b) Untersuchung von Decken. Die Untersuchung von Decken, Schalen, Wänden usw. verspricht wesentliche Fortschritte in der Erkenntnis der Belastungsvorgänge dieser wichtigen Bauelemente. Auch zur Lösung von praktischen Fragen sind entsprechende Versuche von Wichtigkeit. So hängt z. B. die Güte der Produkte mancher Maschinen von einer richtigen Aufstellung ab. Besonders die Schleifmaschinen der optischen Industrie sind in dieser Hinsicht sehr empfindlich. Durch Schwingermessungen lassen sich diese Fragen sehr einfach klären[4].

c) Untersuchung von Beton- und Eisenbetonkörpern. Im Beton- und Eisenbetonbau treten eine ganze Anzahl von Fragen auf, die durch Schwingeruntersuchungen weiter gefördert werden können. Die Frage der Abbindung des Zements, der Federung von Betonkörpern, die Dauerfestigkeit usw. ist durch dynamische Messungen weiter zu bringen.

d) Untersuchung von Türmen, Masten, Schornsteinen, Wolkenkratzern. Der Standfestigkeit dieser Gebilde wird heute in Hinsicht auf die zusätzlichen Beanspruchungen durch seitliche Kräfte (Windstöße) Beachtung geschenkt[5]. Durch Schwinger können diese Gebilde

---

[1] Sommerfeld: Zum dynamischen Aufbau der Festigkeitslehre. Aachener Bez.-Verein D. Ing. 1901.

[2] Schmidt, E.: Experimentelle Untersuchung von schwingungsdämpfenden Unterlagen von Maschinen. Gesundh.-Ing. Bd. 46 (1923) S. 61; Z. angew. Math. Mech. Bd. 3 (1923).

[3] Siehe ferner W. Zeller: Bibliographie über Boden- und Gebäudeschwingungen, Lärm, Fahrzeugschwingungen. Berlin 1933. Rausch, G.: Z. VDI Bd. 75 (1931) S. 1069.

[4] Gehler, W.: Rechteckige allseitig aufliegende Platten. Vorbericht Pariser Kongreß d. Int. Ver. f. Brückenbau u. Hochbau 1932 S. 218. Reiher, H.: Neuere Beobachtungen über Gebäudeerschütterungen. Verh. d. 3. Int. Kongr. f. Techn. Mech. S. 294. Scharrer, G.: Über die Ermittlung der Eigenschwingungszahlen rechteckiger Gebäude-Decken und -Wände. Diss. München 1933.

[5] Lehr, E.: Schwingungen von Schornsteinen. Beton u. Eisen 1928 S. 301. Coyle, D. C.: Stiffness of Sky-Scrapers. Vorbericht Pariser Kongreß d. Int. Verein. f. Brückenbau und Hochbau 1932 S. 535.

in einfacher Weise in verschiedenen horizontalen Richtungen erregt werden womit die Gefahr der zusätzlichen dynamischen Erregung geklärt wird. So ist z. B. bei Leuchttürmen die Möglichkeit der Erregung durch den periodischen Seegang vorhanden. (Abb. 48, *17*, *18*, *19*.)

e) Untersuchung von Fachwerken aller Art. Fachwerke, wie Krananlagen, Abraumbrücken, Förderanlagen sind Stößen und periodischen Erschütterungen ausgesetzt. Die einzelnen Fragen können hier in ähnlicher Weise geklärt werden, wie dies bereits für Eisenbahnbrücken besprochen wurde. (Abb. 48, *12*, *13*, *14*, *15*.)

In manchen Konstruktionen, die zur Stauung von Luft oder Flüssigkeit dienen, können selbsterregte Schwingungen durch die vorbeiströmende Flüssigkeit auftreten. In dieser Hinsicht bekannt sind die lästigen Schwingungen, die in Stauwehranlagen bei bestimmten Stellungen des Wehres einsetzen und als eine Anfachung durch das vorbeiströmende Wasser zu erklären sind. Ferner sind hier zu nennen die Anfachschwingungen im Flugzeugbau. Auch hier kann durch Schwingermessungen eine eingehende Charakteristik der mechanischen Systeme erhalten werden, so daß etwaige Abhilfemaßnahmen auf eine sichere Grundlage gestellt sind.

f) Untersuchung der Einspannung von Pfählen, Masten usw. Die Abstimmung von eingespannten Konstruktionen hängt von der Güte dieser Einspannung ab. Es kann daher durch Schwingeruntersuchung die Einspannung von Pfählen, Masten und ähnlichen Gebilden in sehr einfacher Weise dadurch geprüft werden, daß periodische Kräfte parallel mit der Einspannwirkung ausgeübt werden. (Abb. 48, *16*, *19*.)

§ 26. Untersuchungen von Fahrzeugen.

Fahrzeuge aller Art bieten eine Reihe von Schwingungsfragen, die nicht nur für die Sicherheit des Fahrzeugs, sondern auch für die Bequemlichkeit des Reisens von Bedeutung sind. Über Schwingungen an Schiffen wurde bereits gesprochen. Ferner sind zu nennen:

a) Untersuchung der Abfederungen. Eigenschwingungszahl, Federkonstante, Masse und Dämpfung der Abfederungen eines Fahrzeuges bilden die grundlegenden Werte für die Beurteilung der Güte einer Abfederung[1]. Sie sind durch Schwinger leicht zu messen. (Abb. 48, *6*, *9*.)

Messungen an Lokomotiven, Güterwagen, Lastwagen usw. wurden von Bernhard angestellt[2].

b) Untersuchung von Flugzeugen. Im Flugzeugbau treten eine Reihe von Schwingungsfragen auf, die die Sicherheit ganz wesentlich beeinflussen. Durch Schwinger können eine Reihe von Einzelfrequenzen und deren Dämpfung etwa der einzelnen Decks, Streben, Schraubenblätter, der Federbeine, des Motorentraggerüstes usw. untersucht werden. Ähnliche Aufgaben treten auch im Luftschiffbau auf, wo die Starrheit des ganzen Gerippes durch die Frequenz der Grund- und Oberschwingungen nachgeprüft werden kann. (Abb. 48, *4*, *5*.)

---

[1] Lehr, E.: Schwingungsfragen der Fahrzeugfederung. Z. VDI 1930 S. 481.
[2] Bernhard, R.: Brücke und Fahrzeug. Bauing. 1930 S. 481.

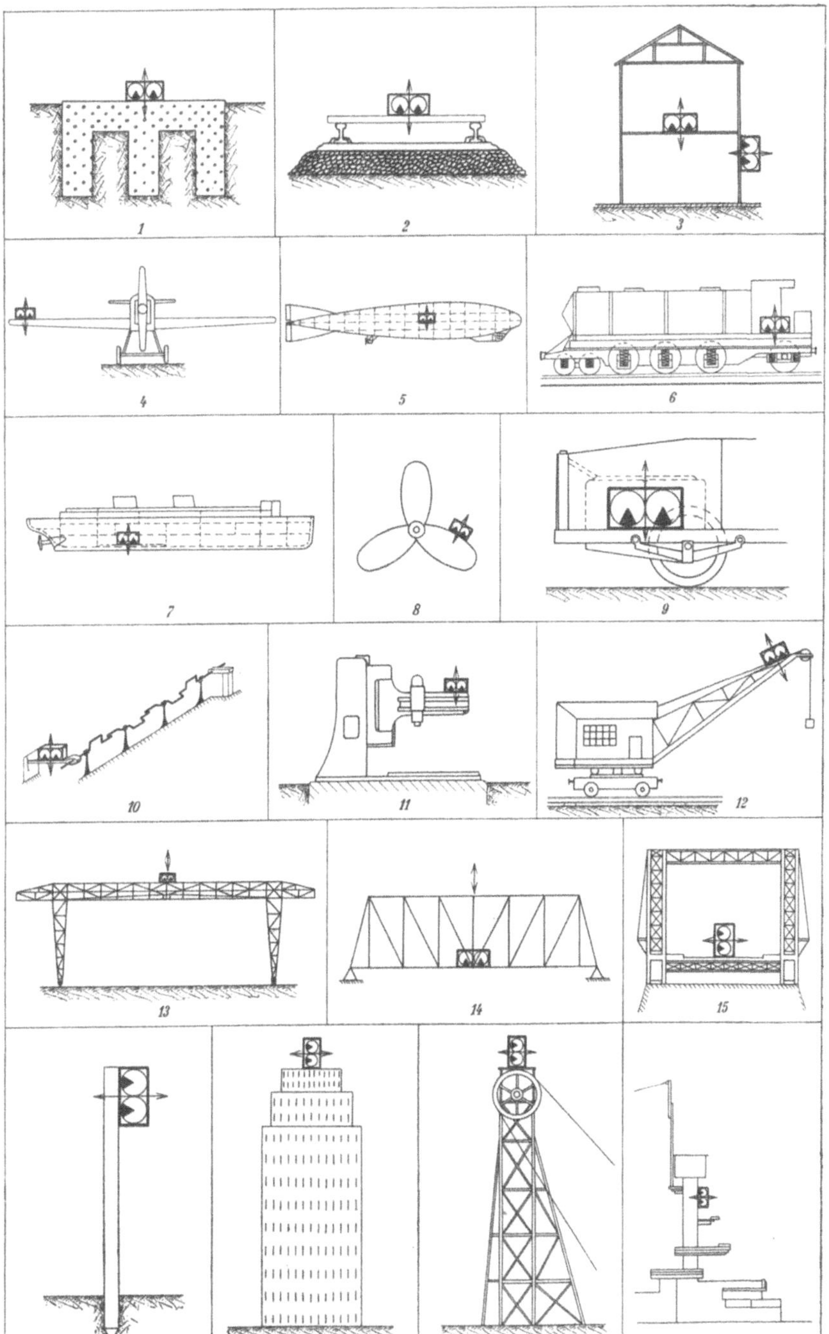

Abb. 48. Verschiedene Anwendungsgebiete der Schwingungsprüfmaschinen.

Auch im Automobilbau sind die Eigenfrequenzen etwa des Chassi verantwortlich für den mehr oder weniger ruhigen Lauf des Motors[1].

c) Untersuchung der Fahrbahn. In diesem Paragraphen könne auch die Erscheinungen eingeordnet werden, die bei der Bewegung eine Fahrzeugs über eine Fahrbahn auftreten. Da man heute vor der Frage der wesentlichen Erhöhung der Geschwindigkeit z. B. von Schienen fahrzeugen steht, dürften schwingungstechnische Untersuchungen an Gleisanlagen von besonderem Interesse werden. (Abb. 48, *2*.)

Wenn das Rad etwa einer Lokomotive langsam über das Gleis rollt so tritt eine bestimmte Einsenkung ein, deren Größe der Federung de Oberbaus und dem Raddruck entspricht. Bei dieser Durchbiegung muß natürlich auch eine bestimmte Masse in Bewegung gesetzt werden ebenso treten gewisse Reibungen auf. Je größer die Geschwindigkeit wird, desto mehr wird der Masseneinfluß sich bemerkbar machen. Eine Folge hiervon ist, daß die tiefste Einsenkung schon bei den heutigen Geschwindigkeiten nicht unmittelbar unter dem fahrenden Rad, sondern etwas hinter ihm erreicht wird, weil eben auch hier schon sich eine bestimmte Phasenverschiebung bemerkbar macht[2]. Es ist nun durchaus wahrscheinlich, daß bei weiterer Steigerung der Geschwindigkeit oder bei sonstigen geeigneten Daten des Oberbaus nach Überschreitung eines kritischen Gebietes eine wesentlich andere Art der Belastung der Fahrbahn auftritt. Man könnte diese Unterschiede etwa durch „Federfahrbahn" und „Massenfahrbahn" kennzeichnen. Bei letzterer würde also im wesentlichen der dynamische Druck nicht durch die Federung der Fahrbahn, sondern durch die Trägheit der beschleunigten Massen der Fahrbahn aufgenommen werden. Ein Beispiel hierfür ist etwa das schnelle Gleiten eines Schlittschuhläufers über eine dünne Eisfläche.

Zur Klärung dieser und ähnlicher Fragen sind Schwingermessungen unerläßlich, denn durch sie wird beantwortet, welcher dynamische Widerstand der Federung, Trägheit und Reibung Größe und Phase der Durchbiegung der Fahrbahn unter dem rollenden Rad maßgebend bestimmt. Ebenso sind Untersuchungen von Unregelmäßigkeiten, wie Stoßstellen in Gleisen usw. nötig, da durch die dynamischen Kennwerte dieser Stoßstellen die kritische Fahrgeschwindigkeit gegeben ist, für welche angestoßene und abklingende Eigenschwingungen der Unstetigkeitsstelle auftreten. Es ist zu hoffen, daß diese interessanten Fragen ebenfalls bald in Angriff genommen werden, dies um so mehr, als durch solche Untersuchungen in manche bisher ungeklärte Erscheinungen besonders des Fahrens auf Schienen Licht kommen dürfte.

---

[1] Späth, W.: Auswuchttechnik und Schwingungsbekämpfung im Motorenbau. Automob.-techn. Z. 1930 Heft 28.

[2] Über die zusätzlichen dynamischen Durchbiegungen von Schienen unter dem Einfluß der Triebradkräfte der Lokomotiven siehe S. Timoshenko u. J. M. Lessels: Applied Elasticity 1925 S. 334.

Ferner H. Saller: Der Eisenbahnoberbau im Deutschen Reich. Berlin 1928. Dreyer: Beiträge zu einer dynamischen Theorie des Eisenbahnoberbaues. München 1925.

§ 27. Untersuchungen von Maschinen.

Auch im Maschinenbau treten sehr mannigfaltige Schwingungsfragen auf. Es handelt sich hierbei meist um die Bestimmung der Lage von Eigenfrequenzen, zwecks Vermeidung von Überbeanspruchungen wichtiger Konstruktionsteile durch Resonanzerscheinungen.

a) Untersuchung von Rotoren. Jeder Rotor besitzt kritische Biegeschwingungen der Welle, die eine starke Beanspruchung beim Durchfahren der kritischen Drehzahlen bedeuten. Diese Frequenzen können vor Einbau des Rotors durch einen einfachen Versuch festgestellt werden. Der entsprechend der Lagerung in der Maschine abgestützte Rotor etwa eines Turbogenerators, wird durch einen kleinen in der Mitte aufgesetzten Schwinger in Biegeschwingungen versetzt, womit die nötigen Daten erhalten werden.

b) Untersuchung von Kraftleitungen. In vielen Fällen machen sich in Maschinenanlagen Torsionsschwingungen unliebsam bemerkbar, so in den Kurbelwellen von Motoren, in den Getrieben und Propellerwellen von Schiffen, Flugzeugen, Luftschiffen usw. Durch einfache Schwingerversuche kann deren Lage genau festgestellt und auch jede Verschiebung der kritischen Frequenzgebiete etwa durch Abänderungen der Konstruktion überwacht werden. (Abb. 48, *8*, *10*.)

c) Untersuchung von Werkzeugmaschinen. Auch die Arbeitsprozesse von Werkzeugmaschinen sind häufig von Schwingungserscheinungen begleitet, die durch Schwingermessungen aufgeklärt werden können. So ist z. B. bei Schleifmaschinen die Biegefrequenz der Spindel von Wichtigkeit. (Abb. 48, *11*.)

§ 28. Dauerversuche.

Die moderne Werkstoffprüftechnik strebt die Untersuchung wichtiger Konstruktionselemente im Dauerversuch an, da durch eine Anzahl von Faktoren, wie Wärmebehandlung, Ausführung der Konstruktion, Werkstoff usw., die Dauerfestigkeit wesentlich beeinflußt werden kann. Gerade die leichte Anpassungsfähigkeit der Schwinger macht diese zur Ausführung von solchen Dauerversuchen besonders geeignet.

a) Allgemeines. Zur Beurteilung der Verhältnisse einer gegebenen Aufgabe ist zunächst die Eigenfrequenz des Gebildes nötig. Diese kann durch einen Versuch oder auch durch Rechnung bestimmt werden. Besonders einfach wird die Rechnung, wenn man nach den Angaben der Hütte die Belastung P durch die Durchbiegung f dividiert und so die Federkonstante c erhält. Für die Masse m kann man etwa ein Drittel der Gesamtmasse der Konstruktion annehmen, wozu noch ein Zuschlag für das Gewicht des Schwingers kommt.

Als Dämpfung kann man je nach den Verhältnissen etwa $Z = 0{,}1$ bis 0,2 annehmen, so daß sich die reine Schwingleistung nach § 5, d berechnen läßt. Zu dieser Schwingleistung tritt noch die Verlustleistung des Schwingers, die etwa gleich der Schwingleistung angenommen werden kann, womit ungefähr die Daten des in Frage kommenden Schwingers festgelegt sind.

b) Einzeluntersuchungen. Es würde zu weit führen, alle Möglichkeiten von Dauerversuchen erschöpfend zu behandeln. Es können in gleicher Weise Zug-, Druck-, Biege- und Torsionsversuche ausgeführt werden. Als Beispiele seien genannt: Dauerversuche an Tragkonstruktionen, Betonkörpern, Maschinenteilen, Kurbelwellen, Decken, Federn, Schienen, Bohrröhren, usw.

Schrifttum.

Hort, W.: Technische Schwingungslehre. 2. Aufl. Berlin: Julius Springer 1922.

Föppl, O.: Grundzüge der Technischen Schwingungslehre. Berlin: Julius Springer 1923.

Geiger, J.: Mechanische Schwingungen und ihre Messung. Berlin: Julius Springer 1927.

Schneider, E.: Mathematische Schwingungslehre. Berlin: Julius Springer.

Lehr, E.: Schwingungstechnik. Bd. I. Berlin: Julius Springer 1930.

Steuding, H.: Messung mechanischer Schwingungen. Berlin: VDI-Verlag 1928.

Timoshenko, S.: Vibration Problems in Engineering. London 1928.

Bouny, F.: Leçons de Mécanique Rationelle. Paris-Mons 1929.

Zipperer, L.: Technische Schwingungslehre. Sammlung Göschen.

Duffing: Erzwungene Schwingungen. Braunschweig: Vieweg 1918.

VDI-Sonderheft Mechanik 1925.

Hohenemser, K., u. W. Prager: Dynamik der Stabwerke. Berlin: Julius Springer 1933.

GPSR Compliance

The European Union's (EU) General Product Safety Regulation (GPSR) is a set of rules that requires consumer products to be safe and our obligations to ensure this.

If you have any concerns about our products, you can contact us on ProductSafety@springernature.com

In case Publisher is established outside the EU, the EU authorized representative is:

Springer Nature Customer Service Center GmbH
Europaplatz 3
69115 Heidelberg, Germany

Batch number: 10683525

Printed by Printforce, the Netherlands